丸善出版

まえがき

物理科学雑誌『パリティ』は創刊以来34年間，物理科学のあらゆる分野をカバーし，やさしくおもしろくためになる分野の記事を満載して好評を博してきました。しかし，諸般の事情で2019年5月号をもって休刊（廃刊）のやむなきに至りました。

しかし『パリティ』誌のもっとも好評であった年一度の「物理科学，この１年」は何とか残したいというのが私の大きな望みでありました。丸善出版の側もそのことをよく理解いただき，幸い編集委員会も協力いただいて，今回，単行本のかたちで「物理科学，この１年」の2020年版を刊行できました。

この30数年，物理科学の分野の発展はめざましく，専門性は高まるばかり。ごく近い分野ですら，何がどうなっているか皆目見当もつかないという困ったことになってしまった，と嘆く声が聞かれる始末です。このような現状はけっして好ましいことではありません。“他を知っておのれを知る”ということが物理科学分野にこそ必要でしょう。

このような物理科学の発展の現状をほぼあますことなくとり上げ，わかりやすく解説することが『パリティ』の役割でしたが，考えてみると，それを圧縮して，また先どりして伝えるのが『パリティ』１月号の「物理科学，この１年」でありました。

したがって『パリティ』誌の各月の記事は特集「物理科学，この１年」の記事からそれらの関連分野も含めて採用されることが多かったのです。私自身，いつも『パリティ』の記事を提案するとき必ず各年１月号を座右に置き参照したのでした。考えてみれば，以上のような事情をもってしても，『パリティ』が休刊（廃刊）の事態に至ったいまでも「物理科学，この１年」の単行本出版は『パリティ』誌継続出版の意図と目的と成果を生むものと確信しております。

このため本書『物理科学，この１年　2020』は，専門物理学者のみならず他分野の研究者，技術者，教師，学生の方々の多大な関心を引き，新たなる物理科学の発展と普及に役立つものと確信しています。また，これは，評論家や科学史家，ジャーナリズム，政府・民間の関係機関にも歓迎されるでしょうし，それに何よりも一般の“物理ファン”の方々におおいなる興味をもっていただくことを期待するものです。

本書編集委員会，編集室はこの出版のため，万全の態勢でとり組みました。滞りなく進行したのは，超特急でまとめる作業をしていただいた各専門家の方々のご協力のたまものです。ご協力いただいた専門家の方々は，つぎのとおりです。お名前を記しここに深く感謝するしだいです。

2019年12月

編集長　大槻義彦

原子・分子物理，量子エレクトロニクス
　　——洪 鋒雷　横浜国立大学工学研究院
物性物理——小野嘉之　東邦大学名誉教授
流体力学，プラズマ物理
　　——伊藤公孝　中部大学総合工学研究所
　　　故伊藤早苗　九州大学極限プラズマ研究連携センター顧問
素粒子物理——橋本幸士　大阪大学大学院理学研究科
原子核物理——岸本忠史　大阪大学核物理研究センター
宇宙・天体物理——花輪知幸　千葉大学先進科学センター
地球惑星物理——深尾良夫　海洋研究開発機構
生物物理——笹井理生　名古屋大学大学院工学研究科

目　次

原子・分子物理，量子エレクトロニクス

物性物理

流体力学，プラズマ物理

素粒子物理

原子核物理

宇宙・天体物理

地球惑星物理

生物物理

原子・分子物理，量子エレクトロニクス

X線領域での非線形分光の実現

玉作賢治

われわれがモノを調べようとするとき，分光法は有力な選択肢である。日常生活でも，たとえば，金銀銅は色で区別できる。色と補色の関係にある吸収スペクトル（吸収係数の光子エネルギー依存性）に電子状態の違いが現れるためである。X線の吸収スペクトルも電子状態と密接に関連していて，科学・産業のさまざまな局面でモノを調べる手法として広く使われている[1)]。以上は線形の過程であり，量子論的には1光子の吸収過程に対応する。このほかに，X線でも微弱ながら非線形な相互作用がある[2)]。吸収にもさまざまな非線形性が現れ，その1つが本項でとり上げる直接2光子吸収（以下，たんに2光子吸収）である。その名のとおり，2つの光子を同時に吸収する。

X線の2光子吸収を使って分光すると，どういう御利益（ごりやく）があるだろうか？まず，電子は原子核のまわりの電子殻に収まっている。殻にはs，p，dなどとよばれる性格の異なる軌道が含まれている。電子はエネルギーの低い状態から順番に詰まっていて，ある状態から上は空となる。つぎに，光子エネルギーの高いX線は，束縛エネルギーの大きい内側の殻の電子で吸収される。この電子は，吸収分だけエネルギーの高い空いた状態に移る。このため，光子エネルギーが電子を空状態まで励起できる大きさになると，吸収係数が急激に増える。これを吸収端とよぶ。X線吸収分光では，吸収端付近のスペクトル構造からその原子の価数や周囲の原子配置という貴重な情報が得られる。ところで，吸収にはルール（選択則）があって，1光子吸収ではs軌道とp軌道のあいだやp↔dが許される。X線でよく使われるK殻（1s軌道のみ存在）での吸収では，いく先はp軌道となり，d軌道は見づらい〈図1a〉。長くなったが，2光子吸収の御利益とはs→d遷移が使えることである。これは1光子を吸収した時点で仮想的にp軌道に移ると考えるとわかりやすい。つまりs→p→dのような過程と理解できる〈図1b〉。2光子吸収のd軌道への感度は，とくに3d遷移金属化合

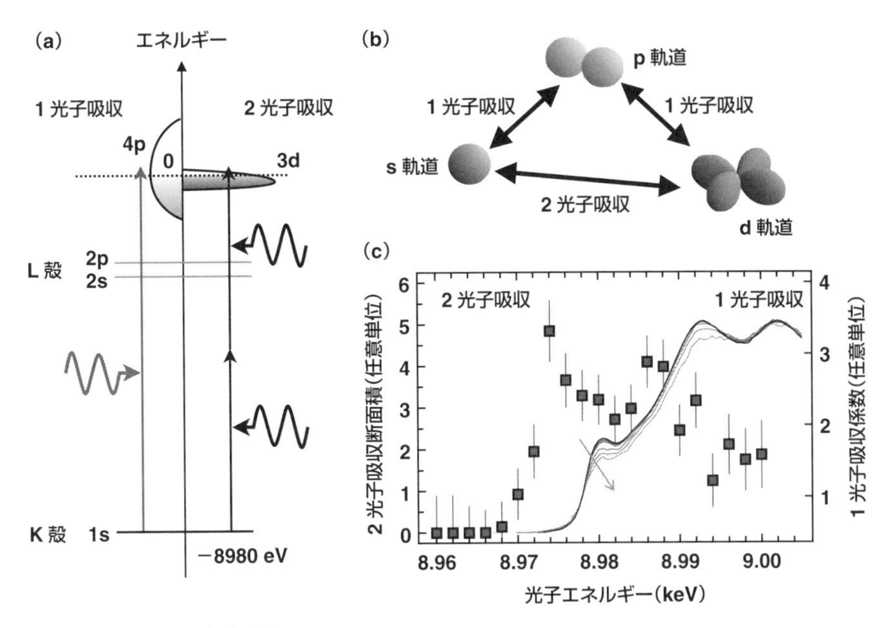

〈図1〉X線の2光子吸収分光法

(a) 銅の電子構造とX線吸収過程の模式図。1光子吸収の行き先は4p状態であるのに対し，2光子吸収では3d状態に遷移できる。(b) 吸収での選択則。図は電子の波動関数の角度成分の模式図。(c) 銅のX線2光子吸収スペクトル。2光子吸収の横軸は光子エネルギーの2倍に変換してある。実線は1光子吸収スペクトルの強度依存性で，矢印に沿って21，42，83，210，420，830 W/cm^{2}の強度で測定された。

物の研究に応用できると期待される。これらには高温超伝導体といった有用な機能性材料が数多くあり，その機能に3d電子が深く関わっているためである。

さて，通常の吸収では，一度に1光子しか吸収しないので，光が2倍強くなると吸収量も2倍になる。この比例関係が線形である。ところが，2光子吸収では光子を2つ吸収するので，光が2倍強くなると吸収量は4倍になる。光を強くしていけば，どこかで1光子吸収に埋没していた2光子吸収が観測可能になる。2光子吸収の効率は，物質に固有な2光子吸収断面積で決まる。これはおよそ原子番号Zの−6乗で小さくなる。この後でとり上げる銅 (Z=29) では，水素より9桁も小さくなる。水素でもレーザーを使うので，銅のK殻での2光子吸収には桁違いに強いX線が必要となる。これに必要なX線レーザーは，

2009年に米国のLCLS[3)]で，その2年後に日本のSACLA[4)]で実現された。これらはX線自由電子レーザーとよばれている。いわゆるレーザーとは違い，大型加速器によって光速近くまで加速された電子ビームを磁石列のあいだで蛇行させて発振させる。

最初のX線2光子吸収過程の観測は，X線自由電子レーザーを140 nmまで集光して，10^{19} W/cm^{2}という高いピーク強度（強度/パルス幅）で行われた[5)]。これは1原子あたり，1フェムト秒（fs）間に数千光子が照射される光子密度に相当する。このX線強度では1パルスで試料は蒸発する。これは仕方がないが，問題は数fsしかないX線のパルスのあいだでも物質の電子状態が大きく変化することである。つまり，測定されるのは変化しつつある電子状態で，もとの状態ではない。これを避けるには2つの問題の解決が必要となる。まず，どこまでX線を弱めれば電子状態の変化が無視できるのか不明な点。そして，専門的なので本項では割愛するが，そのような強度で2光子吸収を測定する技術的な問題。前者を理論的に予測できればよいが，その方法はまだない。そこで，吸収スペクトルに変化が出ないしきい値が実験的に調べられた。

〈図1c〉に銅のK吸収端の1光子吸収スペクトルのX線強度依存性を示す[6)]。X線を強くしていくと，210 W/cm^{2}付近からスペクトルが矢印の向きに変化し始めることがわかる。これを解析すると，スペクトルが変化し始めるのは，吸収するエネルギー密度が0.02 μJ/μm^3(1.5 eV/原子)付近となる。この値は銅の融点のエネルギー密度の0.3 eV/原子よりかなり高い。測定に使った8 fsというパルス幅のあいだであれば，多少大きなエネルギーを吸収しても，スペクトルの変化が現れないようである。もちろん，測定後に試料面には溶けた跡がみられる。

こうして決定したスペクトルの変化が現れない強度で測定された銅のK端の2光子吸収スペクトルを〈図1c〉に示す[6)]。このときのピーク強度は以前より4桁も低い10^{15} W/cm^{2}である。2光子吸収スペクトルをみると，1光子吸収スペクトルとは形状が大きく違うことがわかる。吸収端付近の発散的なふるまいは，不完全殻をもつ金属に特徴的と考えられるが，1光子吸収スペクトルには現れない。銅の場合，不完全殻がd軌道のためである。ところで，1s電子を励起する最小のエネルギーは，吸収する光子数によらないはずである。しかし，2光子吸収の吸収端は6 eVほど低くなる。これは，2光子吸収の励起先が3d軌道のためである。3d軌道は4p軌道に比べて原子核に近いため，K殻の電子が抜けて核の正電荷の遮蔽が弱まると，強く束縛されるからである。より詳細に吸収スペクトルから電子状態を議論するには，理論・実験両面からのさらなる研究が必要である。

X線の2光子吸収過程はこれまで観測すら困難だったが，今回，これを使ったX線非線形分光法が実現した。とくに，試料の電子状態の変化がみえない強度で測定できたことで，たんなる学術的な意義を超えたX線非線形光学の応用の可能性が示された。これによって，2光子吸収以外のさまざまなX線非線形過程の研究が刺激され，それらを使った新しいX線非線形分光法が実現されていくと期待される。

参考文献
1）日本XAFS研究会：『XAFSの基礎と応用』(講談社，2017).
2）玉作賢治：『X線の非線形光学』(共立出版，2017).
3）P. Emma *et al.*: Nature Photon. **4**, 641 (2010).
4）T. Ishikawa *et al.*: Nature Photon. **6**, 540 (2012).
5）K. Tamasaku *et al.*: Nature Photon. **8**, 313 (2014).
6）K. Tamasaku *et al.*: Phys. Rev. Lett. **121**, 083901 (2018).

機械振動子の量子制御と低雑音重力センサー

松本伸之

近年，人類は巨視的な機械振動子の振動モードの量子的なふるまいを観測・制御できるようになってきた[1)]。量子制御された振動子を量子情報処理の分野に応用する研究が盛んに進められている。また，振動子を用いた種々の力のセンサーを古くから人類は利用してきた。なかでも，重力の精密測定はねじれ振り子などの振動子を用いて実現してきた。さらなる重力定数の測定精度向上に向け，精密に作製された小型振動子間の重力の測定をめざしたとり組みも進められている[2)]。

これらは一見するとまったく関連のない研究テーマのように思えるが，その融合によりきわめて興味深い研究につながるかもしれない。前者のとり組みにより，さらに巨視的な振動子の量子制御が可能となり，後者によって，より微視的な振動子が生じる重力が観測できるようになれば，量子制御された振動子間の重力相互作用が検証できるからである。たとえば，ゼロ点振動する振動子（たとえばその重心振動）は特定の軌跡を描くことはないと考えられるが，そのような振動子間には（ヒルベルト空間上の演算子として記述される）量子的な重力相互作用が生じているのであろうか[3)]。重力の量子的な側面は実験的にはまったく検証されていないため，このような検証を実現する意義はきわめて大きい[4)]。

現在のところ量子制御可能なもっとも重い振動子は40 ng[5)]である一方，これまでに測られたもっとも軽い重力源は90 g[6)]であるため，両実験のスケールは10桁程度隔たっている。われわれはその統合に向け，中間的なスケールであるmg程度の懸架鏡を一端とした光共振器〈図1〉を開発し，100 mgの物体が生じる重力を1秒で観測可能な変位計測に成功した[7)]。これをさらに改良すれば，原理的にはmg程度の振動子自体のゼロ点振動の観測も可能であり，両実験スケールの統合は十分に可能であることを示した。

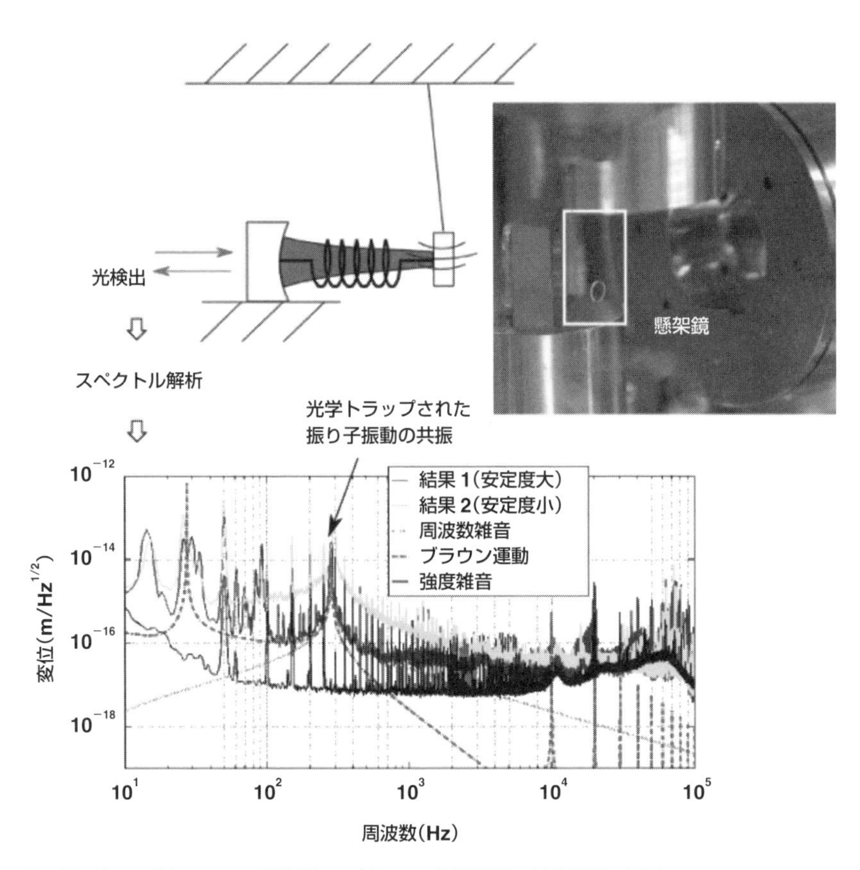

〈図1〉開発した重力センサー(懸架鏡を一端とした光共振器)と性能評価の結果

■重力実験のめざすところ

われわれの重力センサーの説明の前に，重力の実験的な研究の歴史にもふれておこう。1798年のキャヴェンディッシュ（Cavendish）による地球質量の測定以来，たとえば，重力定数・逆2乗則の破れ・重力赤方偏移・重力ポテンシャルによる時間の遅れ・重力ポテンシャルにともなう量子干渉[8)]・重力スペクトロスコピー[9)]などの検証や観測が進められてきた。2015年に実現した重力波の直接検出は，重力研究の歴史的な流れにおける最先端の結果といえる。

このような実験の特徴として，重力相互作用が著しく小さいため，重力源（ソースマス）としては天文学的なスケールの物体を対象とすることが多い点が挙げられる。たとえば，先に挙げた時間の遅れ，量子干渉，スペクトロスコピーは地球重力場を対象としてきた。実験室スケールの重力源を対象とした実験はおもに重力定数の測定，等価原理の検証，逆2乗則の検証に限られてきた。これら従来の研究とは一線を画す，量子状態にある振動子間の重力を測定するためにはどのような実験系を開発すればよいのであろうか？

この問いに対するアプローチは2つ考えられるだろう。1つは量子制御が可能な振動子のスケールを増大し，重力測定が可能な領域にまで押し上げる方法である。たとえば，光学的に浮上させた球を用いた実験系が提案されている[10)]。2つめは重力測定が可能なスケールを低減し，量子制御が可能な領域にまで押し下げる方法である。われわれはこれらの両アプローチを同時に推し進めるため，中間的な質量をもつ懸架鏡を一端とした光共振器の開発を進めてきた。以下でその概要を説明する。

■ われわれの実験系

われわれのプローブ系は，直径1μm，長さ1cmの純シリカ線で懸架された質量7mgの鏡を一端とする光共振器である〈図1〉。鏡の重心振動を共振器の光学応答から読みとることが可能であり，ソースマスとして別の振動子を設置すれば懸架鏡には重力による外乱が生じるため，その変位から重力を観測できる。共振器には波長1064nmのレーザー光を入射しており，共振状態からわずかに離調している。離調した光共振器内の光量は懸架鏡の変動に対して線形応答するため，光輻射（ふくしゃ）圧力は鏡に復元力を与える。これを光ばねとよぶ。光ばねを構成する光子のエネルギーは背景熱雑音エネルギーよりも十分に大きいため，光ばねは振動子の熱雑音を増大することなく振動子の共振周波数を制御可能である。懸架鏡の散逸はツェナー(Zener) モデルで記述される並列ばね（エネルギー散逸のない重力による復元力と材料の物性に由来する散逸のある復元力）とよく一致するため，光ばねでさらに共振周波数を高めると散逸は周波数に反比例して低減されることになる。つまり，機械的なQ値（共振周波数/散逸）は周波数の2次に比例して増大する。この機構により光学トラップされた懸架鏡の重心振動モードはきわめて低いエネルギー散逸（高いQ値）を実現可能である。揺動散逸定理から，エネルギー散逸の大きさが熱的な揺動力に比例するため，エネルギー損失の少ない振動子の開発により熱雑音の小さな系が実現可能である。われわれは，光ばねで振動子の共振周波数を約50倍増大することで10^8という世界最高水準のQ値を達成した。さらに，このQ値に対応する微小なブラウン運動の測定に成功した〈図1〉。これは，懸架鏡の5mm隣に質量100mgの振動子を設置したときに生じる重力を1秒で検出可能な精度である。この精度を実現するためには，高いQ値の実現のみならず，高度な防振・真空・光源の安定化技術などが必要となるが，ここでは割愛する。

■今後の展望

現在，われわれはソースマスの開発と懸架鏡の改良にとり組んでいる。実際にmgスケールの物体間の重力を測定するために，まずは精密に加工されたカンチレバーをソースマスとして利用する予定である。プローブに関しては，量子制御実現のためQ値をさらに2桁程度向上する必要がある。そのため，懸架系（細線と鏡とクランプ）全体を一体化する新たな試みを開始した。これにより，最高で10^{12}のQ値が実現可能である。Q値の向上で熱雑音が低減するため，ほかのあらゆる雑音も同程度に低減しなければならないが，これは技術的な問題にすぎない。1つひとつ地道に低減する必要はあるが，現在の技術で解決可能である。このようなあらゆる雑音の低減こそが重力実験の肝であり，その果てに重力の量子的な側面を検証する新たな研究分野の実現が待っているのだろう。

参考文献
1）M. Rossi *et al.*: Nature **563**, 53 (2018).
2）J. Schmöle *et al.*: Class. Quantum Grav. **33**, 12503 (2016).
3）H. Miao, D. Martynov and H. Yang: arXiv:1901.05827 (2019).
4）D. Kafri, J. M. Taylor and G. J. Milburn: New J. Phys. **16**, 065020 (2014).
5）R. W. Peterson *et al.*: Phys. Rev. Lett. **116**, 063601 (2016).
6）G. T. Gillies and C. S. Unnikrishnan: Phil. Trans. A **372**, 20140022 (2014).
7）N. Matsumoto *et al.*: Phys. Rev. Lett. **122**, 071101 (2019).
8）R. Colella, A. W. Overhauser and S. A. Werner: Phys. Rev. Lett. **34**, 1472 (1975).
9）T. Jenke *et al.*: Nat. Phys. **7**, 468 (2011).
10）S. Bose *et al.*: Phys. Rev. Lett. **119**, 240401 (2017).

低温レーザー干渉計で地下から重力波をとらえる
—大型低温重力波望遠鏡KAGRAの挑戦—

道村唯太

2015年9月14日，米国にある2台の重力波望遠鏡Advanced LIGOが重力波の直接検出に成功した。地球から約13億光年の彼方で合体したブラックホール連星からの重力波を検出したのである。その後イタリアにあるAdvanced Virgoも観測に加わり，2017年8月17日には待ち望まれていた中性子星連星合体からの重力波の初検出にも成功したばかりでなく，重力波に続いて世界中の望遠鏡でガンマ線から電波まで幅広い波長域の電磁波によるフォローアップ観測に成功し，天文学・物理学に大きな衝撃を与えた。LIGOとVirgoは現在，2019年4月から1年間にわたる長期観測運転を行っており，毎週のように重力波の検出を報告している[1)]。人類が日常的に重力波を観測し，宇宙のなぞに迫る時代が到来したのである。

一方，日本ではさらなる重力波観測の発展をめざし，KAGRAの開発を進めている。KAGRAはLIGOやVirgoと同様に大型レーザー干渉計を用いて，重力波による空間の伸び縮みを測定する重力波望遠鏡である。重力波望遠鏡にとって，重力波による距離の変化量を覆い隠すような雑音はさまざまに存在する。なかでもとくに原理的な雑音とよばれているのが地面振動雑音，熱雑音，量子雑音の3つである。

これら原理的な雑音を低減させるために，KAGRAではLIGOやVirgoとはまったく異なる手法をとっている。まず，岐阜県飛騨市池ノ山の地下の非常に硬い岩盤のなかに建設することで，地面振動を観測周波数帯で1/100に抑えている。また，熱雑音については鏡とその懸架線を機械的散逸がきわめて小さいサファイアでつくり，20 K近くまで冷却することで小さくする。さらに，干渉縞(じま)の測定方法を工夫することで量子非破壊計測を実現し，標準量子限界を上回る感度を実現する予定となっている。したがって，地表に建設され，常温の石英鏡を用いているAdvanced LIGOやAdvanced Virgoとは異なる感度設計になっており[2)]，3 kmの基線長ながら，特定の周波数帯では4 kmの基線長をもつAdvanced LIGOを上回る設計感度となっている〈図1〉。

KAGRAは2010年に予算化され，2016年にはシンプルな構成での常温試験運転[3)]，2018年には世界初となるキロメートル規模の干渉計での低温試験運転[4)]を行った。トンネル内での大量の湧き水や世界最長となる鏡の防振システム〈図2〉のトラブル，鏡の冷却系のトラブルなどにみまわれ，当初の計画より遅れたが2019年5月にはほぼすべてのインストール作業が完了し，4つのサファイア鏡すべてが20 K近くまで冷えることを実際に確認した。冷却するとサファイア鏡に真空槽内の残留気体分子が吸着してしまう問題やサファイア基材の複屈折の問題など世界でまだ誰も経験したことがない問題に直面しながらも，合計11枚の懸架鏡からなる複雑なレーザー干渉計の構築作業を現在進めている。2019年中には初となる観測運転を開始し，LIGOやVirgoとの共同観測に加わる予定である[5)]。

KAGRAが共同観測に加わると，信号雑音比がしきい値を超えるイベント数

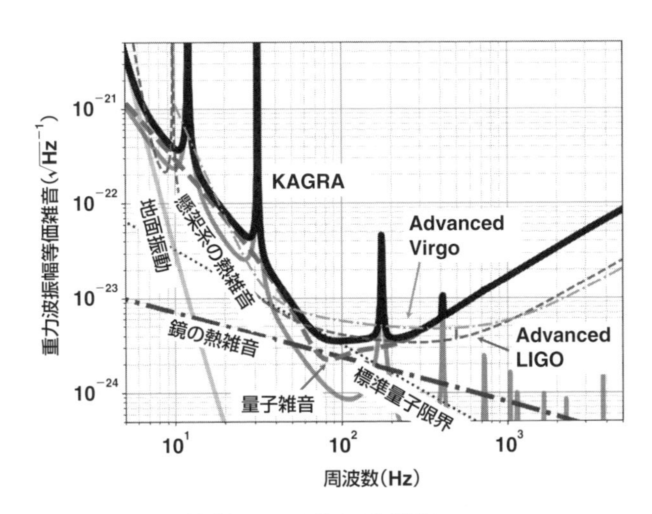

〈図1〉KAGRAの設計感度とそれを決める各種雑音
100 Hz付近ではAdvanced LIGOやAdvanced Virgoを上回る設計感度となっている。

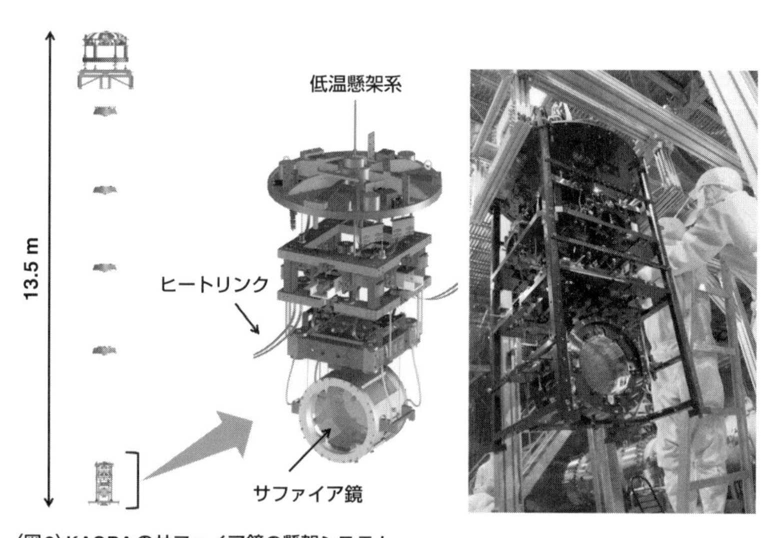

〈図2〉KAGRAのサファイア鏡の懸架システム
地下建設により2階建て構造が可能となり，世界最長の13.5 mに及ぶ懸架系となっている。
最下部が20 K近くまで冷却される低温懸架系。写真は組み立て作業の様子。

が増えるだけでなく，米国，イタリア，日本での三角測量が可能となり，重力波の到達時刻の差などから重力波源の方向をより精度よく決めることができるようになる。重力波観測によって方向決定をすることで電磁波やニュートリノなどによるフォローアップ観測が可能になるため，その精度はきわめて重要である。また，異なる向きのレーザー干渉計は異なる方向や偏極の重力波に感度をもつため，KAGRAの参加によって偏極のより精度の高い分離が可能となり，連星の軌道傾斜角と連星までの距離のような縮退しやすいパラメーターの決定精度を上げることができる。波源までの距離が直接測定できるのは重力波観測の大きな特徴であり，電磁波観測と組み合わせることで宇宙膨張の速度を決めるハッブル定数のより高精度な測定も可能となる。さらには，KAGRAの参加によってこれまで見つかっていない重力波の偏極モードが発見されるかもしれない。一般相対性理論では2つのテンソルモードしか許されていないが，重力理論によってはさらに2つのスカラーモードや2つのベクトルモードを許す理論も存在する。重力波望遠鏡の数だけ偏極モードを分離できるため，世界で

4台目となるKAGRAによって質的に異なる重力理論の検証ができるようになるのである[6)]。

重力波観測の時代はまだまだ始まったばかりである。欧米では2030年代の実現をめざし10 km級の次世代重力波望遠鏡が計画されており，実現されればほぼ全宇宙のコンパクト連星合体の観測が可能となる。次世代重力波望遠鏡では地下建設や鏡の冷却が計画されており，こうした技術を世界に先駆けてとり入れているKAGRAの成功は次世代重力波望遠鏡の実現にとっても，意義が大きい。2034年には欧州宇宙機関を中心に進めている宇宙重力波望遠鏡LISAも打ち上げ予定であり，中国ではTianQin（天琴），日本ではDECIGOという宇宙計画も進められている。こうした宇宙望遠鏡が実現されれば，地上の望遠鏡との多波長観測も可能となる。今後も重力波観測によって驚きの発見がもたらされ続けることだろう。

参考文献

1）https://gracedb.ligo.org で一般に公開されている.
2）Y. Michimura *et al.*: Phys. Rev. D **97**, 122003（2018）.
3）KAGRA Collaboration: Progr. Theor. Exp. Phys. **2018**, 013F01（2018）.
4）KAGRA Collaboration: Classical and Quantum Gravity **36**, 165008（2019）.
5）KAGRA Collaboration, LIGO Scientific Collaboration and Virgo Collaboration: Living Rev. Relativ. **21**, 3（2018）.
6）H. Takeda *et al.*: Phys. Rev. D **98**, 022008（2018）.

プランク定数の精密測定とキログラムの新しい定義

倉本直樹

計測は科学の基本であり，私たちはさまざまな計測技術を開発することで，この世界の現象を解き明かそうとしている。世界各国の研究者と手をとり合って未知の深淵をのぞき込むためには，世界共通の計測のための「ものさし」が必要である。このものさしが「メートル」,「キログラム」,「秒」などの「単位」である。より高精度なものさしを求めて，私たちはこれらの単位を定義するのに各時代の最先端科学を用いてきた。たとえば，長さの単位「メートル」は，19世紀末には，金属製のものさし「国際メートル原器」の長さとして定義されていたが，その後のレーザー科学の進展を受け，1983年に普遍的な物理定数である「真空中の光の速さ」を基準とする定義へと進化した。この新たなものさしは飛躍的に高精度な長さ測定を可能とし，ナノテクノロジー技術を核とする新たな産業の創出を導いた。一方，2019年5月20日，質量の単位「キログラム」の定義が，普遍的な物理定数である「プランク定数」を基準とする新たな定義に移行した。本項では，この歴史的な定義改定が実現した経緯およびわが国が定義改定において果たした決定的な役割について解説する。

キログラムの起源は18世紀末のフランスにさかのぼる。フランス革命のさなか，ラボアジェ（Lavoisier）らによって水の密度が測定され，水1リットルの質量としてキログラムは定義された。ただし，実際の測定上の利便性から，上記の定義に合わせた白金製の分銅「アルシーブ原器」が製作され，基準として用いられた。その後，質量がアルシーブ原器とほぼ等しく，白金よりも硬くて摩耗に強い白金イリジウム合金で分銅が製作された。これが「国際キログラム原器」であり，1889年に開催された第1回国際度量衡総会（メートル条約の最高議決機関）で，その質量としてキログラムが定義された。国際キログラム原器はパリ郊外の国際度量衡局で厳重に保管され，その複製がメートル条約加盟国に各国の原器として配布された。日本にも1889年に原器が配布され，産業技術総合研究所（産総研）で，質量の国家標準「日本国キログラム原器」として管理されていた[1)]。

1990年頃，国際キログラム原器の質量の長期安定性が国際度量衡局で評価された。その結果，表面の汚染などによって国際キログラム原器の質量が100年間で1億分の5 kg程度変動した可能性のあることがわかった。およそ指紋1つの質量に相当するわずかな変動であるが，無視し得ない大きさであった。

そこで，約200ある普遍的な物理定数のいずれかを1億分の5をしのぐ精度で決定し，その値をキログラムの新たな定義の基準とする試みに，世界各国の研究所がとり組んだ[2)]。2011 年には，将来，新たなキログラムの基準としてプランク定数を用いることが国際的に合意された。プランク定数は量子論におけるもっとも重要な物理定数の1つであり，電子の質量と関連づけられる。このため，1 kgをプランク定数によって表現することができる。産総研では，X線結晶密度法を用いてプランク定数を測定した。この方法では，シリコン単結晶の密度，モル質量，格子定数を測定し，アボガドロ定数を求める。プランク定数とアボガドロ定数のあいだには厳密な関係式が成り立つため，アボガドロ定数の測定値からプランク定数を算出できる。自然界のシリコンは3種類の安定同位体，^{28}Si，^{29}Si，^{30}Siの混合物であり，それらの存在比は，約92％，約5％，約3％である。モル質量を求めるためには，この同位体の存在比を正確に測定する必要がある。通常のシリコン結晶を用いた場合，このモル質量測定がボトルネックとなり，プランク定数の測定精度は1億分の20が限界であった。そこで，産総研を含む世界の8つの研究機関によって国際研究協力「アボガドロ国際プロジェクト」が実施され，^{28}Siの存在比率を人工的に99.99％にまで高めた^{28}Si単結晶がプランク定数測定のために製作された。この^{28}Si単結晶から2つの球体〈図1〉が研磨された。球体の質量と直径はそれぞれ約1 kgと約94 mmであり，その質量と体積を精密に測定し，密度を決定した。体積測定には倉本らが開発したレーザー干渉計を用いた〈図2〉[3)]。約2000方位から球体の直径を0.6 nm（1 nmは10億分の1 メートル）の精度で測定し，平均直径から1億分の2の精度で体積を決定した。球体の質量は日本国キログラム原器を基準として測定した。決定した球体の密度をアボガドロ国際プロジェクトによって過去に測定されている格子定数とモル質量と組み合わせ，プランク定数を1億分の2.4の精度で決定した[4)]。この精度は，国際キログラム原器の質量

〈図1〉^{28}Si単結晶球体
プランク定数高精度測定のためにアボガドロ国際プロジェクト(IAC)によって製作された球体。1個あたりの製作費用は約1億円。(提供：産業技術総合研究所)

〈図2〉^{28}Si単結晶球体体積測定用レーザー干渉計[3)]
レーザーの光周波数計測・制御技術によって球体の直径を原子サイズレベルの精度で測定する。新たなキログラムの定義を導くのに決定的な役割を果たした。(提供：産業技術総合研究所)

安定性である1億分の5をしのぐ，世界最高レベルの精度であった。

〈図3〉に，2017年7月1日までに世界各国の研究機関によって測定されたプランク定数を示す。NMIJ-2017が，前節で紹介した産総研が測定した値である。この値はアボガドロ国際プロジェクトによる測定値（IAC-2011，IAC-2015，IAC-2017）とよく一致した。また，米国標準技術研究所（National Institute of Standards and Technology, NIST），カナダ国立研究機構（National Research Council Canada, NRC），フランス国立計量研究所（Laboratoire national de métrologie et d'essais, LNE）がキッブルバランス法[5)]で測定した値（NIST-2011，NIST-2015，NRC-2017，LNE-2017）ともよく一致した。2017年10月，科学技術データ委員会（Committee on Data for Science and Technology, CODATA）は，上記の8つの高精度な測定値に基づき次のプランク定数hの調整値（CODATA 2017）を報告した[6)]。

$$h = 6.626\,070\,150(69) \times 10^{-34}\ \mathrm{J\,s}$$

括弧内の数値は最後の2桁の不確かさを表す。2018年11月にパリ郊外のベルサイユで開催された第26回国際度量衡総会では，この調整値の不確かさをゼ

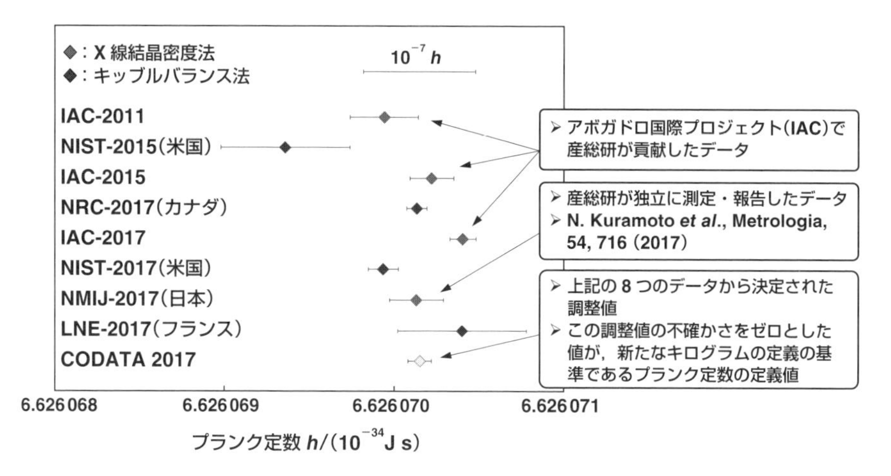

〈図3〉新たなキログラムの定義の基準となるプランク定数の値の決定に採用された測定値
（提供：産業技術総合研究所）

ロとした定義値を基準とする新たな定義への移行が審議された。メートル条約加盟国代表団による投票の結果，130年ぶりにキログラムの定義を改定する歴史的な決議が採択された。これを受けて，2019年5月20日，次の新たなキログラムの定義が施行された[2)]。

キログラムは，プランク定数を6.62607015×10^{-34} J sと定めることによって定義される

CODATA 2017の決定に採用された8つのデータのうち，産総研は4つの値の測定に貢献した。またそのうちの1つは産総研で独立に測定したものであり，これはわが国の科学技術力が世界最高水準にあることを明確に裏づけるものである。また，歴史上初めて人工物ではなく普遍的な物理定数によって質量の単位が定義されることになった。130年ぶりのキログラムの定義改定への貢献は，まさに科学の歴史に残る大きな成果であるといえる。

参考文献

1）産業技術総合研究所質量標準研究グループ HP：https://unit.aist.go.jp/riem/mass-std/
2）倉本直樹：ぶんせき **533**，193（2019）.
3）N. Kuramoto *et al.*: Metrologia **54**, 193（2017）.
4）N. Kuramoto *et al.*: Metrologia **54**, 716（2017）.
5）I. A. Robinson and S. Schlamminger: Metrologia **53**, A46（2016）.
6）D. Newell *et al.*: Metrologia **55**, L13（2018）.

物性物理

●多軌道・多自由度系超伝導体の進展
●フォノン磁気カイラル効果
●量子スピンアイスのモノポール
●金融ブラウン運動
●MRIでみるカイラル超流動^{3}Heのドメイン構造
●限界を極める高性能微細磁気トンネル接合素子

多軌道・多自由度系超伝導体の進展

池田浩章

■はじめに

ある種の物質を冷却していくと，電気抵抗が突然消失し超伝導に転移する。このような超伝導現象の基礎はバーディーン-クーパー-シュリーファー（Bardeen-Cooper-Schrieffer）によるBCS理論（1957）によって解明された。BCS理論によると，超伝導現象はクーパー対とよばれる電子対の形成とその巨視的位相コヒーレンスの獲得にある。電子２つで対を成し（〈図1a〉上図），ボース粒子としてボース凝縮した状態ともいえる。電子どうしには電磁気学的な斥力が働くため，対を形成するためには，それに打ち勝って，電子間に何か有効な引力が働く必要がある。BCS理論では，電子格子相互作用を介して電子間に引力が働くと考える。一方，常圧で最高の転移温度133 K（－140 ℃）をもつ銅酸化物高温超伝導体では，電子格子相互作用ではなく，磁気的な相互作用を介して超伝導が実現していると考えられている。このことは，超伝導の発現機構に電子格子相互作用のみならずさまざまな可能性があることを意味する。こうして，電子格子相互作用による従来型超伝導体の探索とは別に，異なる機構に由来する非従来型超伝導体の解析も重要な課題として精力的に研究されてきた。ここでは，鉄系超伝導体や重い電子系超伝導体に代表される多軌道・多自由度を保有する超伝導体における新奇なクーパー対に関連する最近の研究について紹介する。

■超伝導ギャップとノード構造

超伝導では巨視的位相コヒーレンスを獲得することで，常伝導状態がもっていたU(1)対称性を破るが，銅酸化物に代表される非従来型超伝導体では，同時に，結晶のもつ点群対称性も破る。前者はクーパー対の位相に関する自由度であ

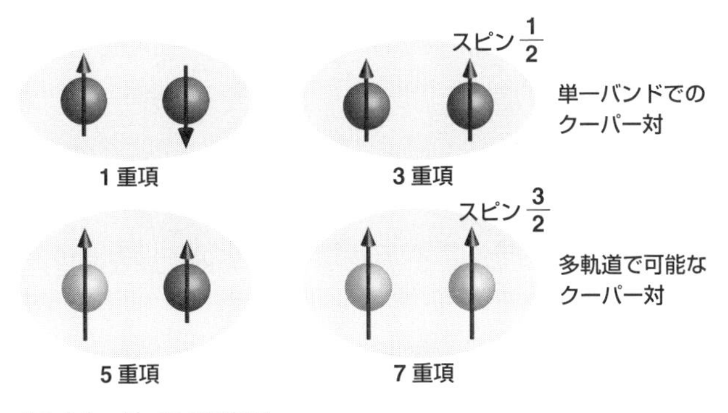

〈図 1〉クーパー対の概念図
スピン 1/2 をもつ電子によるクーパー対のスピン 1 重項状態および 3 重項状態と，スピン 3/2 の電子で現れる新たなスピン 5 重項状態および 7 重項状態。

り，超伝導を特徴づけるゼロ抵抗とマイスナー効果を生じる。後者はクーパー対を形成する 2 電子の相対運動に対応する自由度であり，水素原子中の電子状態のように s, p, d, …と分類される。このような分類を超伝導対称性とよぶ。それぞれ，超伝導状態における 1 粒子励起の構造が異なるため，超伝導状態がどのような対称性をもつかは，物理量の熱力学的な性質に大きな影響を与える。通常，常伝導状態ではフェルミ面が存在するが，超伝導になると電子がクーパー対を形成，これを破壊するためにはエネルギーが必要となるため，1 粒子励起には半導体のようなエネルギーギャップが生じる〈図 2a〉。しかし，銅酸化物高温超伝導体では，波数依存性の強い磁気ゆらぎによってクーパー対が形成されるため，エネルギーギャップも異方的であり，ギャップがゼロとなる場所（ノード構造）が現れる〈図 2b〉。ノード構造は超伝導の発現機構と深く関係しているため，新しい超伝導体が発見されると，1 粒子励起についての詳細な研究が行われる。これまで，その解析は単一バンドの理論に基づいて行われてきたが[1]，現実の物質ではフェルミ面も複数あり，それを構成する複雑なバンド構造は電子の軌道自由度が複雑に絡み合っている。最近の研究において，伝導バンドを構成する電子の軌道自由度や単位胞内の副格子自由度がクーパー対の構造を質的に変化させ，これまで見逃されてきた特異な超伝導状態が出現する可能性が指摘されている。

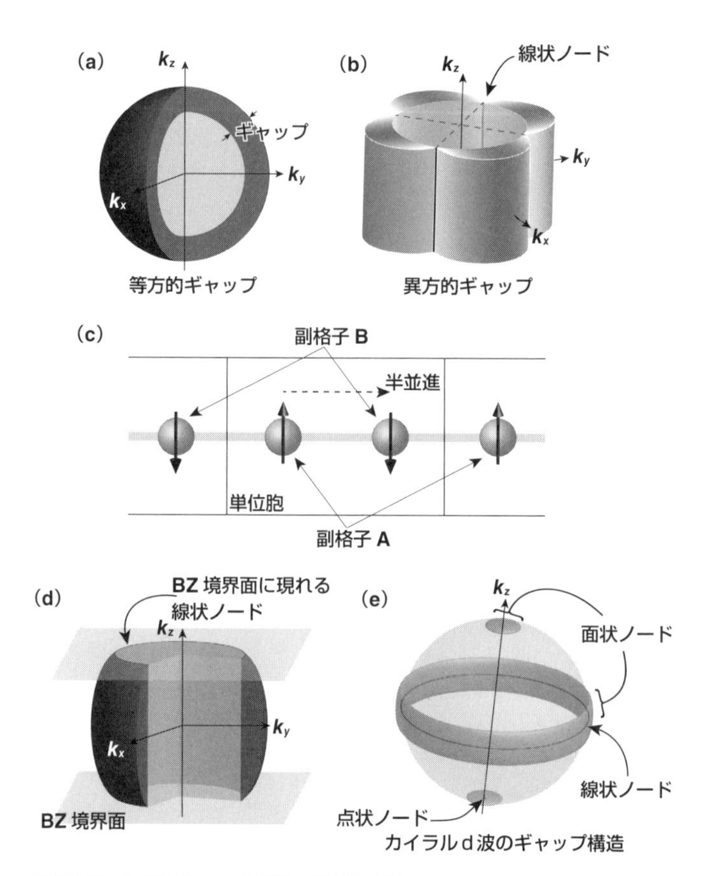

〈図 2〉さまざまなギャップ構造と副格子自由度

(a)等方的なフェルミ面に等方的なギャップが開いた s 波超伝導体の電子状態。(b) d_{x2-y2} 波異方的超伝導体の電子状態。筒状のフェルミ面において $k_x=\pm k_y$ の面との交線ではギャップがつぶれており，線状ノードが現れている。(c) 1次元チェーン構造をもった結晶における反強磁性状態。副格子 A と B が基本並進の半分の並進とスピン反転で結びつく。(d) その反強磁性相における磁気 BZ とその BZ 境界面に出現する線状ノードの構造。(e) カイラル超伝導 $d_{xz}+id_{yz}$ において等方的なフェルミ面上に出現するノード構造。通常，軸との交点である極に点状ノード，赤道に線状ノードが現れると考えられているが，多軌道超伝導体においては，これらが面状に広がった面状ノードが現れ得る。

■多軌道・多サイト超伝導

たとえば，鉄系超伝導体ではフェルミ面付近の伝導バンドは鉄原子のd軌道で構成されており，重い電子系超伝導体ではCeやUのf軌道が伝導バンドを構成する。d軌道やf軌道は，軌道角運動量$L=2$や3をもつため，これらの軌道の電子はスピン角運動量1/2と合わせて全角運動量$J=3/2$，5/2，7/2といった高い角運動量をもち得る。通常，各原子サイトに局在した電子は，結晶のなかでまわりの原子と手を組むため，有効な軌道角運動量はゼロとなり，電子はスピンの自由度のみをもつ。一方，f電子系や立方晶のように高い対称性をもつ結晶においては，軌道角運動量が有限のまま残り，結晶中の電子の有効角運動量が3/2や5/2のような高い角運動量をもった状態としてふるまうことがある。これまであまり注目されてこなかったが，このような1電子状態の性質が超伝導のクーパー対に強い影響を与え得るのである。

通常の超伝導においてはスピン1/2の電子が対をつくり，スピン1重項（singlet）やスピン3重項（triplet）を構成する（〈図1〉上図）。しかし，全角運動量3/2の電子においては，もっと高い対称性をもった5重項（quintet）や7重項（septet）(〈図1〉下図）が出現し得る[2]。実際には，これらの状態は結晶の点群対称性に応じていくつかの状態に分裂するが，それでも，このときに現れるノード構造は，これまでの解析と異なっている場合がある。それは，UPt_3のような六方晶系における$J=3/2$のクーパー対で，これまではポイント（点状）ノードしかないと考えられてきたケースにおいて，ライン（線状）ノードが現れ得ることが示されている[3)～5)]。

また，UPd_2Al_3のように磁気秩序と共存する超伝導体において，単位胞に複数の磁性サイトがあり，それらが半並進を含む操作で結びつくような副格子自由度をもつとき〈図2c〉には，そのブリルアンゾーン境界（BZ境界）にラインノードが現れ〈図2d〉，通常のフルギャップ超伝導が禁止されるなど[6),7)]，単一バンドでの解析では現れなかった非自明な超伝導状態が存在し得る。

さらに，これまでの解析では，ノード構造は点状か線状の構造をもっているものとされてきたが，時間反転対称性が破れた$d_{xz}+\mathrm{i}d_{yz}$のようなカイラルな超伝導が多軌道系で実現する場合には，通常の点状や線状の構造ではなく，ギャップが面で壊れる構造が現れ，超伝導であるにもかかわらず金属のようにフェルミ面が出現する可能性[8]も指摘されている〈図2e〉。

このように，多軌道・多サイト超伝導体におけるクーパー対には，従来の理論に収まらない多様な可能性が存在する。現在，電荷秩序や磁気秩序などさまざまな秩序と共存する場合に対する解析や空間群・トポロジーに基づいた解析[9),10)]など，より系統的な研究が精力的に進められている。超伝導の理解がさらに深化することで，新奇な超伝導体や室温超伝導体の探索，発見が加速されるなど今後の展開が期待されている。

参考文献

1) M. Sigrist and K. Ueda: Rev. Mod. Phys. **63**, 239 (1991).
2) P. M. R. Brydon *et al.*: Phys. Rev. Lett. **116**, 177001 (2016).
3) T. Micklitz and M. R. Norman: Phys. Rev. B **80**, 100506(R) (2009).
4) T. Nomoto and H. Ikeda: Phys. Rev. Lett. **117**, 217002 (2016).
5) T. Nomoto, K. Hattori and H. Ikeda: Phys. Rev. B **94**, 174513 (2017).
6) T. Nomoto and H. Ikeda: J. Phys. Soc. Jpn. **86**, 023703 (2017).
7) T. Micklitz and M. R. Norman: Phys. Rev. Lett. **118**, 207001 (2017).
8) D. F. Agterberg, P. M. R. Brydon and C. Timm: Phys. Rev. Lett. **118**, 127001 (2017).
9) S. Sumita and Y. Yanase: Phys. Rev. B **97**, 134512 (2018).
10) S. Kobayashi *et al.*: Phys. Rev. B **97**, 180504 (2018).

フォノン磁気カイラル効果

野村肇宏

エレクトロニクスは近代文明の礎であり，高度情報化社会を支える基盤技術である。ここではエレクトロン（電子）を情報の担い手として，電流の流れやすさや方向性を制御（整流）することで信号処理を可能とする。近年，フォノン（格子振動）を電子のように自在に制御するテクノロジー，フォノニクスが提唱されている[1]。フォノンは物質における音波伝搬や熱輸送を担う素励起である。都市生活において騒音や排熱は公害の要因となるが，フォノンを自在に整流することができれば，むしろ積極的に資源として利用することが考えられる。本項ではフォノンの整流効果実現の第一歩として，カイラル結晶における音波の非相反伝搬について紹介する[2]。

通常(媒体が線形かつ非散逸の場合)，音波の性質は伝搬方向に対して対称的，すなわち相反である。たとえば，物体を前方からノックしても後方からノックしても，音色や音速といった伝搬特性は同じである。順方向・逆方向で異なる伝搬特性を実現するためには，系の対称性を破る必要がある。

磁気カイラル効果は，カイラル物質が磁場中に置かれたさいに期待される非相反物性である[3～5]。ここではカイラルな物質が系の鏡映対称性を，外部磁場が系の時間反転対称性をそれぞれ破ることになる。このとき，対称性の議論から（準）粒子の輸送特性が磁場に平行と反平行で異なることが期待される。古典的な例で考えると少しイメージが湧く。〈図1a〉のように，カイラル物質としてねじを考える。外部磁場を印加することは擬似的にねじを回転させることに対応する。このとき，右手系のねじは右側に進みやすいのに対し，鏡映操作を施した左手系のねじは左側に進みやすい。すなわち，カイラル物質に磁場を印加することで磁場方向に1軸の異方性が現れる。〈図1b〉に示すように，この異方性はカイラリティー（右手系，左手系），磁場方向（$\pm H$），伝搬方向（$\pm k$），いずれの反転に対しても奇である。

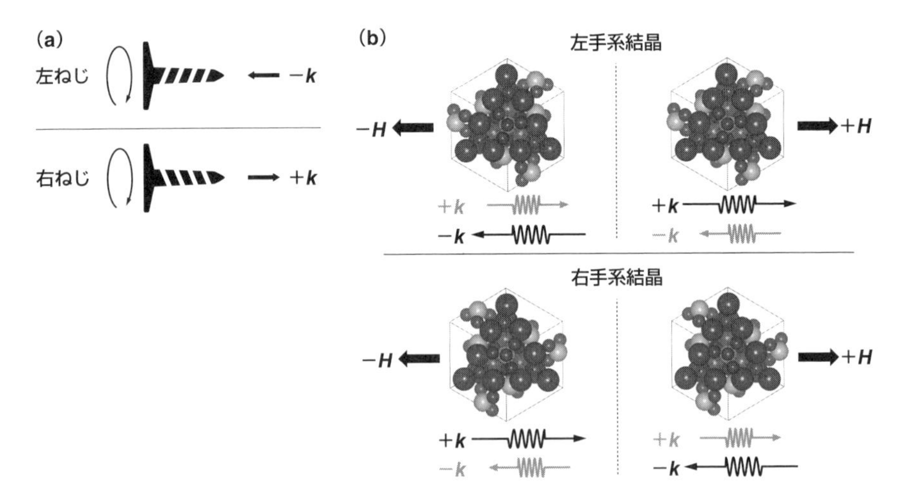

〈図1〉磁気カイラル効果の対称性
(a)右ねじを回すと右側($+k$)に進むが，鏡像である左ねじは左側($-k$)に進む。外部磁場は擬似的にねじを回すことに対応する。(b)Cu_2OSeO_3におけるフォノン磁気カイラル効果の模式図。外部磁場に対して平行と反平行で音速に異方性が現れる。結晶のカイラリティーを反転させると異方性の符号も反転する。

磁気カイラル効果による異方的な伝搬特性はすべての（準）粒子伝搬で期待される。これまでにフォトン（光子），エレクトロン，マグノン（スピン波）では報告例があったのに対し，フォノン，すなわち格子物性では報告例がなかった。われわれは単一カイラリティー結晶の超音波音速測定を行い，フォノンの磁気カイラル効果の観測を試みた。

カイラル構造を有する磁性体を数種類測定した結果，〈図1b〉に示す空間群$P2_13$のCu_2OSeO_3で明瞭なフォノンの非相反伝搬が観測された。Cu_2OSeO_3は化学輸送法による単結晶育成で，右手系と左手系両方の純良試料が得られる。強磁性交換相互作用とジャロシンスキー–守谷（Dzyaloshinskii–Moriya）相互作用の拮抗（きっこう）から60 K以下でヘリカル磁気構造を示す。

〈図2a〉は超音波音速の相対変化$\Delta v/v$を外部磁場（H）の関数として示している。磁場の印加によって磁気構造がヘリカルからコニカル（H_{c1}）へ，コニカルからコリニア（H_{c2}）へと変化し，超音波音速でも異常が検出されている。

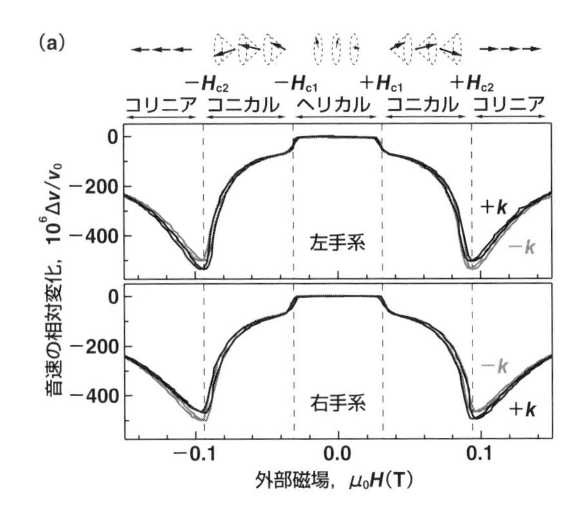

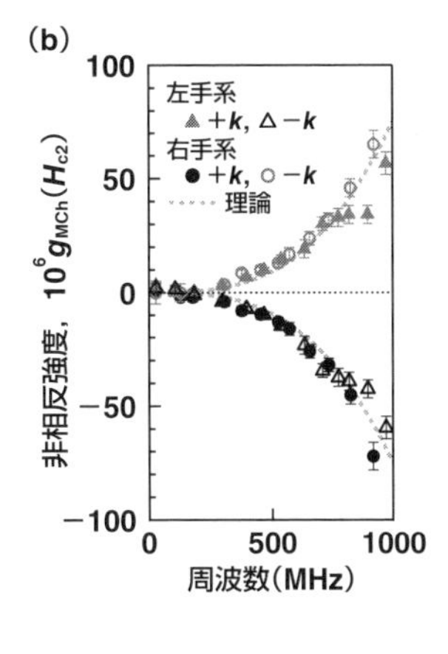

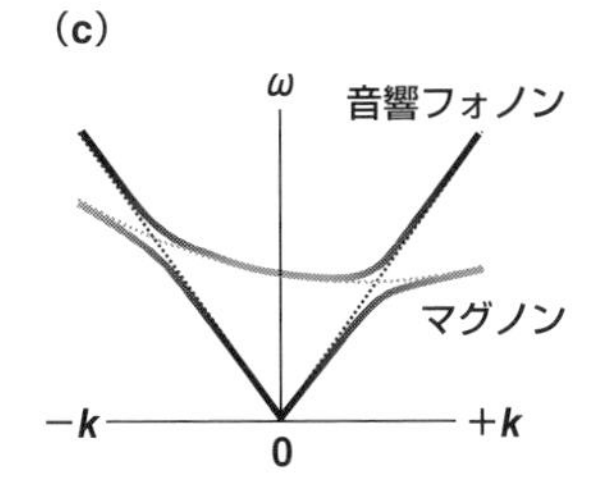

〈図2〉フォノン磁気カイラル効果

(a) 超音波音速のカイラリティー，磁場方向，伝搬方向依存性。測定温度は2Kで超音波周波数は700 MHz。磁気構造がコニカルからコリニアへと変化する磁場で，音速の非相反性($+k$と$-k$で異なる)が観測されている。(b) H_{c2}における非相反強度の周波数依存性。(c) マグノン-フォノン混成機構によってゆがんだ非対称なフォノン分散。縦軸は角周波数ω，横軸は波数k。

$+H_{c2}$における音速の値に着目すると，伝搬ベクトル$-k$に対して$+k$の音速が若干大きいことがわかる。$-H_{c2}$へと磁場を反転させたさいには異方性の符号が反転し，$-k$の音速のほうが大きくなっている。結晶のカイラリティーを反転させると，これら異方性の符号はすべて反転する。したがって，観測された音速の異方性はカイラリティー，磁場方向，伝搬方向すべての反転に対して奇であり，磁気カイラル効果で期待される対称性と一致する。

フォノンは格子振動の素励起でありスピンも電荷も輸送しないことから，その非相反性が磁場で制御できるという実験事実は驚くべきことである。これを説明するためにはマグノン-フォノンの混成を考える必要がある〈図2c〉。カイラル磁性体におけるマグノンの分散関係は，ジャロシンスキー-守谷相互作用のために，$+k$と$-k$で非対称になっている[5]。非対称な分散をもつマグノンがフォノンと混成したさい，フォノン分散も非対称にゆがめられる。とくに相転移磁場（H_{c2}）において，マグノンのソフトモードが比較的低周波数（約3 GHz）まで下がるため，$k=0$付近のフォノン分散も大きな影響を受けるようになる。また超音波周波数を上げると（約1 GHz）混成点に近いフォノン分散の傾きを検出することになるため，非相反強度（g_{MCh}）は非線形に増大する〈図2b〉。

ここで観測された非相反の強度は0.01％ときわめて小さいが，磁場によるフォノンの整流効果として応用できる可能性がある。非相反強度を向上させるためには，よりスピン-格子結合の強い物質を用いるか，超音波周波数を上げる必要がある。とくに超音波周波数がマグノン-フォノン混成点と一致したさいにはフォノンの1方向伝搬，すなわち音響ダイオードが実現できる可能性がある。また，フォノンの非相反伝搬は熱ダイオードとしても応用できる可能性があり，今後の研究展開が期待される。

本項で紹介した研究は関真一郎氏をはじめ，多くの方々との共同研究成果である。

参考文献

1）M. Maldovan: Nature **503**, 209 (2013).
2）T. Nomura *et al.*: Phys. Rev. Lett. **122**, 145901 (2019).
3）G. L. J. A. Rikken and E. Raupach: Nature (London) **390**, 493 (1997).
4）G. L. J. A. Rikken *et al.*: Phys. Rev. Lett. **87**, 236602 (2001).
5）S. Seki *et al.*: Phys. Rev. B **93**, 235131 (2016).

量子スピンアイスのモノポール

宇田川将文

■ スピンアイス

スピンアイスとはその名が示すとおり，氷に似た構造をもつ磁性体をさす。磁石と氷，2つの身近な存在がどのように結びつくのだろうか？　まず，スピンアイスの母物質，$Dy_2Ti_2O_7$がもつ結晶構造をみてみよう。〈図1a〉のような，正四面体が頂点を共有するかたちで連結した格子をパイロクロア格子とよぶ。パイロクロア格子の各格子点には希土類イオンDy^{3+}に由来するスピン自由度が存在し，正四面体に対して内向き，または外向きの2方向のみを向くことができる。さらに，隣り合うスピンのあいだに働く相互作用のため，正四面体上の4つのスピンのうち，2つが内向き，残りの2つが外向きを向く2-in 2-out条件が満たされる配置が安定となる。この2-in 2-outの条件はアイスルールとよばれ，すべての正四面体がアイスルールを満たすとき，その状態をスピンアイスとよぶ〈図1a〉。アイスルールを満たすスピン配置は単一ではなく，それどころか「マクロな数」存在する。たとえば，1000個のスピンからなるアイスルール配置の数は10^{80}を超える[1)]。スピンアイスとはこのように膨大な数の安定配置をもち，空間的にミクロなスケールで乱れたスピン構造をもつ磁性体なのである。

氷との関係をみるために，正四面体の中心に酸素（O）原子，頂点に水素（H）原子を配置する。ただし，H原子はスピンの矢印の方向に少しずれた位置に置くものとする〈図1b〉。すると，スピンの満たす2-in 2-outの条件から，各O原子のまわりで，H_2O の構造がつくられることがわかるだろう[2)]。すべての正四面体に対してこのような規則でO，H原子を並べた配置は，氷の立方晶構造に対応する。氷の結晶中の水素原子も極低温まで乱れた構造をとることが知られており，その配置はスピンアイスのスピン配置と1対1の対応が成り立つのである。

スピンアイスの別の見方として，スピンの矢印を抽象的なベクトル場$\boldsymbol{B}(\boldsymbol{r})$と考え

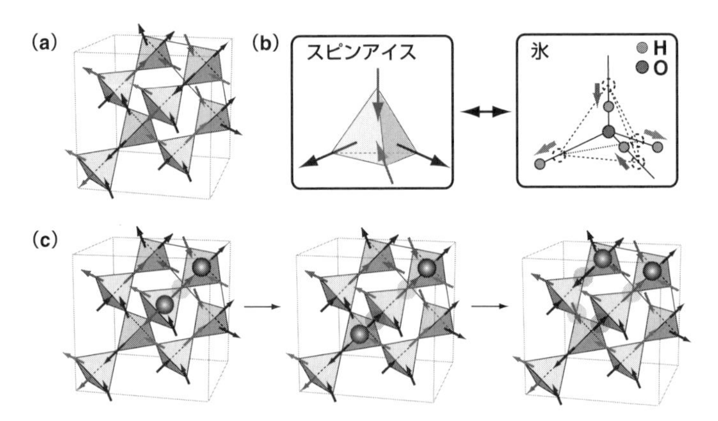

〈図1〉スピンアイスとそのモノポール励起の模式図
(a) 正四面体が頂点共有で連結したパイロクロア格子。すべての正四面体上で 2-in 2-out 条件が満たされ，スピンアイス状態が形成されている。(b) 正四面体の中心に酸素(O)原子を置き，各正四面体の頂点からスピンの矢印の向きにシフトした位置に水素原子を置くと，対応する氷の配置が得られる。(c左) 図(a)のスピンアイス状態から出発してスピンを1つ反転させ，モノポール対を生成，(c中央) 隣りのスピンを1つ反転させ，モノポール対を隣りに移動，(c右) さらにスピン反転を続けて，モノポール対を引き離す。一連のプロセスで，2-in 2-out条件を破る正四面体の数は2つに保たれ，余分なエネルギーコストは生じていない。

てみよう。すると，2-in 2-outの条件は，正四面体に入るベクトル場の流束と出る流束が等しいという意味で，ベクトル場の湧き出しがゼロの条件：$\nabla \cdot \boldsymbol{B}\ (\boldsymbol{r})=0$と見立てることができる。マクスウェル方程式を思い起こすと，これは磁場の満たす式にほかならない。すなわち，スピンアイスの乱れたスピン配置は，一見，無秩序に乱れているようでいて，じつは電磁気学における磁場の満たすルールに従っている。スピンアイスは乱雑なスピン状態というよりは，乱雑な磁力線の集合とみなされるべきものなのである。

さて，それではスピンアイスの励起状態はどのように記述できるだろうか？　通常，強磁性体や反強磁性体の低励起状態はマグノンという，秩序状態からのスピン反転が波として伝播する状態とみなせる。いま，スピンアイス状態から〈図1c〉のように，1つのスピンを反転して，その伝播の様子をみてみよう。反転したスピンを共有する2つの正四面体では2-in 2-out の条件が破れ，1-in 3-out の正四面体と3-in

1-out の正四面体の対が生じる。前述の電磁気学とのアナロジーでは，アイスルールを破るこれらの正四面体では$\nabla \cdot \boldsymbol{B}(\boldsymbol{r}) \neq 0$となり，正負の磁荷が生じた，と解釈される。現実世界では磁荷，すなわちモノポールはいまだ観測されていないが，スピンアイス中では実体をもった存在として，モノポールが生じるのである[3)]。さらに〈図1c〉のように，隣りのスピンを反転し続けると，背景のアイスルールをそれ以上乱すことなく，モノポール対を引き離していくことができる。すなわち，反転したスピンそのものが波として伝播するマグノンとは異なり，スピンアイスでは反転したスピンが2つのモノポールに分裂し，そのおのおのが励起の基本単位として，動き回るわけである。

■モノポールの量子ダイナミクス

さて，ここまではスピンを古典的な存在として扱ってきたが，スピンのあいだの量子力学的な相互作用を考えると，状態の重ね合わせ，とりわけ，マクロな数縮退したスピンアイス配置が壮大な重ね合わせを起こすことが期待される。この「シュレーディンガーの猫」ならぬ「シュレーディンガーの氷」ともいうべき状態は量子スピンアイスとよばれ，$Yb_2Ti_2O_7$，$Pr_2Zr(Hf, Sn)_2O_7$などの化合物を舞台に，広くその状態の探索が行われている。

量子スピンアイスにおいてはモノポール励起もまた，量子的な運動性を獲得する。しかしながら，この量子モノポールをたとえば，電子を記述する自由フェルミオンのような，通常の量子力学的粒子と同列に扱ってよいものだろうか？　前述のようにモノポールは必ず正負の対で励起され，単一の粒子としては存在し得ない。またモノポールはつねに背景として存在するスピンアイスのアイスルール条件をなるべく崩さないように動く必要があり，その制限された運動の様相はおよそ自由粒子とはかけ離れてみえる。モノポールがもつこの2つの特徴，①分数性，および②背景のゲージ場との結合は，量子スピンアイスを一般化した概念である量子スピン液体相の素励起に共通する特徴である。

最近，筆者らはモノポールの可能な運動のパターンを状態の遷移図として表し，その仮想的な状態空間を伝播する自由粒子としてモノポールを再定義することにより，その動力学，とくに状態密度の正確なかたちを明らかにすることに成功した〈図2a〉[4)]。〈図2b〉に示す量子モノポールの状態密度をみると，低エネルギーに鋭いピークが生じることがわかる。これはモノポールの分散関係に生じるファンホーブ特異

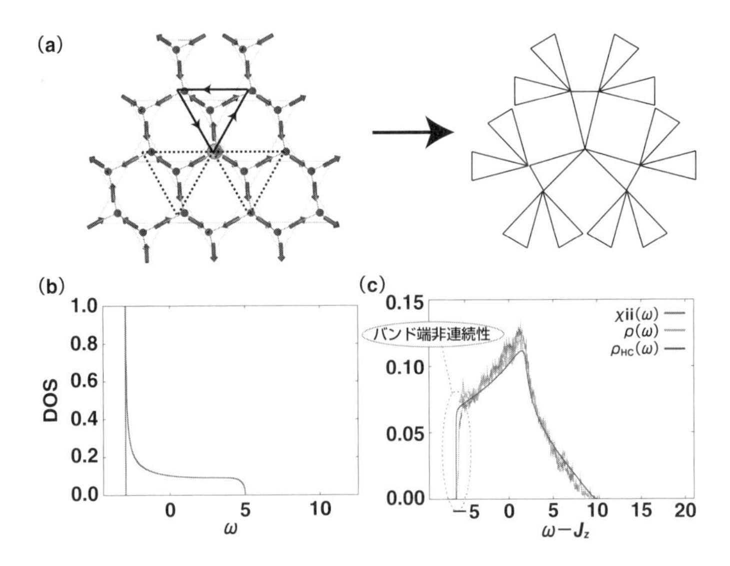

〈図2〉量子スピンアイスにおけるモノポールダイナミクス
(a)実空間のモノポールの運動パターン(左)を伏見カクタスとよばれる仮想状態空間中のグラフで表現する(右)。(b)単一モノポールの状態密度。スペクトル端に鋭い，1次元的なファンホーブ特異性に由来する発散が生じる。(c)実験で観測される2モノポール状態密度。スペクトル端の急激な上昇"バンド端非連続性"(band-edge discontinuity)が生じる[4]。

点によるものであるが，その特異性は3次元空間で期待されるふるまいより強く，1次元的なファンホーブ特異点特有の，$\varepsilon^{-1/2}$に比例する強いものとなっている。この特異点の尖鋭化は，背景スピンアイスとの結合により，モノポールダイナミクスの有効次元が変化した結果と解釈される。モノポールは必ず対で生成されるため，実験プローブで観測されるスペクトルは2つのモノポール状態密度関数をたたみ込んだ，〈図2c〉のようなものになると期待される。そこでは単一のモノポール状態密度のファンホーブ特異性は，スペクトルの端の非連続性として現れる。今後の非弾性中性子散乱などの実験との比較を交えた新たな展開が待たれるところである。

まとめ

量子多体系，そのなかでも代表的な金属を記述するフェルミ流体論では，素励起は通常，「準粒子」として解釈され，電荷やスピンなどの量子数は系を構成するもともとの粒子の性質をそのまま受け継ぐとされる。ところがスピンアイスではもともとの自由度であるスピンが分裂してしまうので，準粒子としての記述は初めから許されない。モノポールのような分数励起の分散関係，あるいは統計性などの基本的な性質はどのように決まり，どのように観測されるべきものなのだろうか？　量子スピンアイスをはじめとする新しい相の出現により，フェルミ流体論を超える新たな素励起論が必要な時代が訪れている。氷を模倣する磁性体，スピンアイスが提起する「素粒子論」の今後の展開を注視したい。

本項で紹介した研究はメスナー（Roderich Moessner）氏との共同研究である。ここにお礼を申し上げたい。

参考文献

1）L. Pauling: J. Am. Chem. Soc. **57**, 2680（1935）.
2）J. D. Bernal and R. H. Fowler: J. Chem. Phys. **1**, 515（1933）.
3）C. Castelnovo, R. Moessner and S. L. Sondhi: Nature **451**, 42（2008）.
4）M. Udagawa and R. Moessner: Phys. Rev. Lett. **122**, 117201（2019）.

金融ブラウン運動

高安美佐子

経済物理学の分野において，この1年ほどの研究の進捗として紹介したいのは，我田引水となるが，2018年の春にPhysical Review Letters誌で公開された金澤らによる論文である[1)]。この論文では，ドル円市場における市場参加者1人ひとりの注文履歴をたどることができる超高解像度のデータを分析し，つぎのような成果を報告している。

1．多くの市場参加者は過去の市場価格の移動平均に基づき，数十秒程度の未来の価格を予測しながら売買注文を入れるトレンドフォローとよばれる行動をしていることがデータから確認され，経済物理学の黎明（れいめい）期に開発されたディーラーモデル[2)] の妥当性が初めて直接的に実証された。
2．市場における取り引きは価格という1次元空間のなかでの売り注文と買い注文の衝突とみなすことができるが，この衝突過程を記述するディーラーモデルを分子動力学の手法で理論解析することによって，市場価格の変位の統計的な性質や注文板の形状などのさまざまな現実の市場の基本的特性を理論によって明らかにすることができた。

この論文は，物理学の手法で金融市場の基本特性を解明した，ということでPhysical Review Letters誌の注目度ランキング1位になるなど，広い分野の物理学者からも注目されている。以下では，金融市場も含めたブラウン運動の研究の歴史を振り返りながら，この研究の位置づけを説明する。

植物学者ブラウンが1827年に発見したコロイド粒子のブラウン運動は，水を連続体とみなすのが常識だったあいだは誰も現象を説明することができず長年迷宮入りしていたが，分子仮説に基づいてブラウン運動を説明した1905年のアインシュタイン（Einstein）の論文が端緒となり，一気に物理学の主流となった。ペラン（Perrin）は，1908年にアインシュタインの理論を観測によって検証し，物質が分子からできていることを実験によって証明した功績でノーベル賞を受賞した。同じ頃，ランジュバン（Langevin）が提案したコロイド粒子の運動を記述するランジュバン方程式は，確率変数を含んだ運動方程式という新しい理論体系の土台となり，線形応答理論として一般化され，さまざまな物理現象に応用されていった。分子による熱運動が，コロイド粒子をランダム運動させる揺動力を生み，また同時に，その粒子の運動を停止させる散逸力も生んでいる，という揺動散逸関係は，電気回路の熱雑音などでも広く成り立つ普遍的な法則である。

アインシュタインの論文よりも5年前，高名な数学者ポアンカレ（Poincaré）の学生だったバシュリエ（Bachelier）は，学位論文のなかでランダムウォークモデルに基づいた高度な確率論を駆使して価格変動の統計的な特性を理論的に記述する体系を構築した。しかし，当時，その研究の価値を評価できる人はおらず，バシュリエは不遇のまま生涯を終えた。1950年代に入ってから彼の博士論文が掘り起こされ，ブラウン運動によって金融市場を定式化する金融工学が1970年代に確立すると，1980年代以降には金融派生商品などのかたちで金融の実務で広く使われるようになった。

1992年，高安秀樹らは，金融市場の価格変動がそもそもなぜランダムウォークになるのか，という基本的な問題に物理学の視点から一石を投じた[2)]。直近の過去の価格時系列からトレンドフォローで市場価格を推定しながら売買注文を入れるという市場参加者の行動を簡単な数式で定式化し，仮想的にコンピューターのなかでそのような市場参加者たちが集まった市場をシミュレートしてみたのである。このディーラーモデルの解析の結果，カオスのメカニズムによってわずかな初期値の違いが増幅されることで，決定論的なモデルであっても結果的には確率的なランダムウォークにみえるような価格の変動が生じることが報告された。この論文は，経済物理学という分野の最初の論文の1つとして評価され，また，金融市場をエージェントベースモデルとよばれるシミュレーション手法によって研究する先駆けとなった。ちなみに，共著者の1人浜田宏一は，2019年現在，内閣官房参与として安倍政権を支えている経済学者である。

今世紀に入り，金融市場の詳細な時系列データが入手できるようになり，単純なランダムウォークモデルと現実の解離が明瞭になり，時系列モデルの精緻化が進んだ。2006年の高安らの論文では，ランダムウォークモデルに時間的に係数が変動するような市場のポテンシャル力の項を付け加えたPUCKモデルを提案し，時々刻々，状態が変化する現実の市場の複雑な統計的特性を正確に表現できるようになった[3]。さらに，この市場のポテンシャル力が，ディーラーモデルにおけるトレンドフォローの効果から生じていることが明らかになった[4]。

トレンドフォローは，直近の市場価格が上昇していれば，さらに上昇が続くと推定して価格を予想する行為であり，この効果によって，価格の変動には慣性が現れ，質量ゼロの数学的なブラウン運動ではなく，有限の質量をもつような粒子のランダムウォークとなる。市場価格の慣性は，市場が安定な場合には観測しにくいが，暴騰や暴落時には顕在化する。PUCKモデルは時間を連続化した極限では，質量をもったコロイド粒子のモデルであるランジュバン方程式に漸近し，また，トレンドフォローをある程度強くしたマクロな極限では，マクロ経済学におけるインフレーションの方程式と一致し，現実のインフレがそうであるように指数関数で市場価格が高騰する解をもつ[5]。トレンドフォローは，金融市場を研究するうえでもっとも重要な要素である。

2014年には，1つひとつの売買注文の履歴がたどれる為替市場のデータの解析から，金融市場で揺動散逸関係が成立しており，価格変動はランジュバン方程式に従うことが実証された[6]。市場価格がコロイド粒子，その周囲の買い注文と売り注文1つひとつが水分子の役割を演じており，市場価格のごく近傍の売買注文が価格変動を駆動し，少し離れたところの売買注文が価格の動きを止める役割を演じていることも明らかになった。物質の場合には水分子の動きを直接観測することはできないが，それに対応する売買注文の動きを解析することで，揺動と散逸のミクロな関係が観測されたことになる。

このような研究の経緯のなかで，冒頭で紹介したように，市場参加者1人ひとりが実際にどのようなトレンドフォローをしているかがデータから観測できるようになり，しかも，それに基づいたディーラーモデルを分子動力学の手法で解くことで，市場の基本特性が理論的に導出された。これは，物理学者が経済現象にとり組んできた四半世紀の研究の集大成であり，今後の基礎研究・応用研究のためのマイルストーンとなる成果といえるだろう。

いま，金融市場の研究に関するホットトピックは，生態系としての金融市場の安定性である[7)]。市場参加者の多くはトレンドフォローをしているが，その反応の強度や移動平均のサイズはそれぞれ異なる。また，そもそもトレンドフォローをしない市場参加者もいる。生態系は，さまざまな種がそれぞれのもち味を生かしながら共存共栄することで，急激な環境の変化などにも柔軟に適応していると考えられているが，金融市場では個々の戦略が観測でき，しかも，シミュレーション研究の基盤もできている。生態系の研究対象としても，金融市場は非常に魅力的である。

参考文献

1) K. Kanazawa *et al.*: Phys. Rev. Lett. **120**, 138301 (2018).
2) H. Takayasu *et al.*: Physica A **184**, 127 (1992).
3) M. Takayasu, T. Mizuno and H. Takayasu: Physica A **370**, 91 (2006).
4) K. Yamada, H. Takayasu and M. Takayasu: Euro. Phys. J. B **63**, 529 (2008).
5) M. Takayasu and H. Takayasu: Prog. Theor. Phys. **179**, 1 (2009).
6) Y. Yura *et al.*: Phys. Rev. Lett. **112**, 098703 (2014).
7) T. Sueshige *et al.*: PLoS ONE **13**, e0208332 (2018).

MRIでみるカイラル超流動^{3}Heのドメイン構造

佐々木 豊

■自発的に破れる対称性と超流動^{3}He

ヘリウムは，風船に閉じ込めると空中に浮遊したり，少量吸い込むと声が変わったり，ほかの物質すべてが固体となるような低温の世界でも気体のまま存在する，不思議な物質として知られている。この物質を絶対零度まで数ケルビン(K)という低い温度に冷却すると，ついに量子性の著しい量子液体へと変貌する。この世界では，ボース粒子である^{4}Heは約2Kでボース-アインシュタイン（Bose-Einstein）凝縮を起こして超流動となるのに対し，フェルミ粒子である^{3}Heは約1Kでフェルミ縮退を起こし，そのさらに3桁低い温度の約2mKでクーパー対を形成することで，バーディーン-クーパー-シュリーファー（Bardeen-Cooper-Schrieffer, BCS）型の超流動となる。

この^{3}Heのクーパー対がスピン3重項P波状態であることは比類なき精度で確定していて[1)]，代表的な異方的超流動・超伝導物質であるといえる。そもそも異方的な結晶構造のなかで電子がクーパー対を形成する場合に，異方的になる可能性は誰しも認めることだろうが，一見等方的な物質の液体^{3}Heが異方的な状態になる原因は，核スピン間の相互作用にある。その結果，対称性の異なる複数の超流動相が安定化する。そのうち，高温高圧側で安定なA相はアンダーソン-ブリンクマン-モレル（Anderson-Brinkman-Morel, ABM）状態であるとされていて，↑または↓の同種スピンのみからなるクーパー対の軌道角運動量の軸lならびにスピン角運動量の異方軸dのそろった状態が基底状態となる。このとき，↑または↓のいずれのスピン対も同じ軌道角運動量をもつことから，時間反転対称性が自発的に破れていて，カイラル（chiral）超流動体とよばれるゆえんとなっている。シンプルな構造をもつ液体のようでいて，巨視的波動関数の空間変化する構造をもつこともできる，美しくも複雑な量子力学の申し子である。

■超流動^{3}Heの空間構造をMRIでみる

超流動^{3}Heの巨視的波動関数が空間変化するさまをテクスチャー（texture）とよぶ。この空間構造が存在することは，超流動^{3}Heの発見以来核磁気共鳴（nuclear magnetic resonance, NMR）測定をはじめとする数々の実験[2]により確かめられてきたが，空間構造の理論モデルをもとに間接的な測定量と比較をすることで，その存否を判断してきており，試料内のどこにどんなかたちで存在しているのかを直接測定する手段なしに研究されてきた。

われわれはNMR測定の発展技術である磁気共鳴映像法（magnetic resonance imaging, MRI）に着目し，1 mKの世界にある超流動^{3}Heのスピン情報の空間分布を取得する技術開発に世界で初めて成功した。このことによって，それまで理論モデルのなかだけに生きていたテクスチャーを可視化することが可能となったのである。

■カイラル超流動のドメイン構造

その技術を用いて，カイラル超流動体のなかで自発的に発生したカイラルドメイン構造を世界で初めて実写したものが〈図1〉である[3),4)]。紙面上下方向の幅2 mm，奥行き方向の厚さ100 μmの帯状空間に閉じ込めて，紙面に平行な

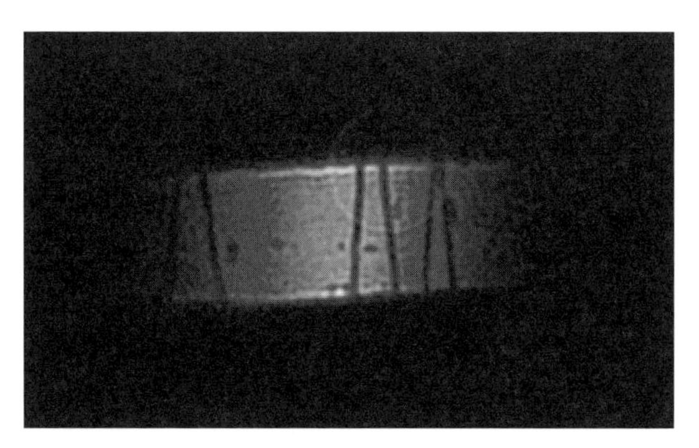

〈図1〉超流動ヘリウム3A相におけるカイラルドメイン構造のMRI像（2.0 mK）

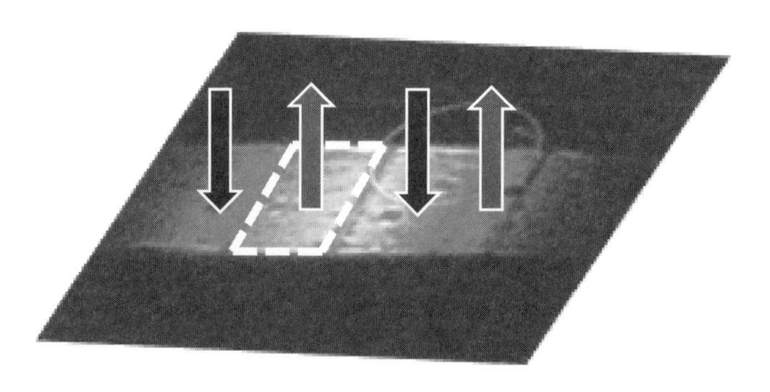

〈図2〉カイラルドメインの概念図
MRI画像に現れた筋2本で挟まれたドメインがカイラリティーのそろった1つのカイラルドメインであり，隣接するドメインは逆向きのカイラリティーをもつ。

磁場をかけた場合，カイラリティー（chirality）を紙面に垂直な1方向にそろえた状態が，エネルギー的に安定なはずである。ところが，紙面から前に出る向きと後ろに出る向きのカイラリティーをもった領域が，色の濃い線としてみえるドメイン壁を挟んで交互に存在していることがわかった〈図2〉。この状態は準安定状態のはずだが，超流動転移温度T_cからずっと離れた低温では，1日以上のあいだ変化することなく存在していることが観測された。また，温度を上げてT_cに近づけると，この構造はゆらぎ始め，試料内で移動したり隣り合った壁どうしが対消滅したりすることもわかった。さらには，超流動流を印加することで，ドメイン壁を移動させ得ることもわかった。これらの技術を磨いていけば，いずれ望みの位置に望むカイラリティーをもった超流体を配置する，いわばカイラリティー制御ができるようになるかもしれない。

本研究は，京都大学低温物質科学研究センター（現・物性科学センター），同大学大学院理学研究科物理学・宇宙物理学専攻，ならびに科学研究費などによる支援を受けて，長年積み重ねてきた基礎研究の成果である。継続的な支援に感謝するとともに，これまで労苦をともにしてきた多数の大学院生，研究員の方々に感謝し，とりわけ，笠井純，岡本耀平，西岡敬史，金本真知の元大学院生各氏，元研究員の戸田亮氏，ならびに，理論面での共同研究者である福井大学の高木丈夫教授に深謝する。

参考文献
1）D. Vollhardt and P. Wölfle: *The Superfluid Phases of Helium3*（Taylor and Francis, 1990）.
2）E.R. Dobbs: *Helium Three*（Oxford University Press, 2000）.
3）J. Kasai *et al.*: Phys. Rev. Lett. **120**, 205301（2018）.
4）佐々木豊：パリティ 2019 年 2 月号 72 ページ.

限界を極める高性能微細磁気トンネル接合素子

深見俊輔，大野英男

■ 磁気トンネル接合（MTJ）

電子のもつ電気的性質（電荷）と磁気的性質（スピン）を同時に利用するスピントロニクスの原理を用いることで，デジタル情報の0と1を磁化の方向で記憶し，電気的に読み書きのできる不揮発性磁気メモリーが実現できる。この技術は近年実用化が始まりつつあり，情報処理通信社会の今後の発展に大きく貢献していくものと期待されている。

磁気トンネル接合（magnetic tunnel junction, MTJ）素子〈図1a〉はこの不揮発性磁気メモリーにおいて情報の記憶を担い，そのスペック，具体的には容量，動作速度，消費電力，信頼性などを左右する。磁気トンネル接合は薄い絶縁体（バリヤー層）が2枚の強磁性金属によって挟まれた構造からなる。2枚の強磁性層のうちの一方の磁化は固定，他方は可変であり，それぞれ参照層，自由層といわれる。自由層の磁化の方向がデジタル情報の0と1に対応づけられる。

磁気トンネル接合素子の不揮発性メモリー応用のためには，おもに以下の3つの要件を満たす必要がある。1つめは0と1の状態間での電気抵抗の比（トンネル磁気抵抗比）であり，これが大きければ高速に安定して記憶情報を読み出せる。2つめは，自由層の磁化反転に要する電流と時間であり，短い時間，小さな電流で磁化を反転できれば書き込みに要するエネルギーを抑えられ，またセルサイズも小さくなる。3つめは，記憶情報の熱安定性であり，熱ゆらぎに対して磁化方向を安定に保持できれば高い不揮発性が実現できる〈図1b〉。そしてこれらの3要件を高いレベルで満足するためには，自由層の磁気異方性のデザインが鍵となる。

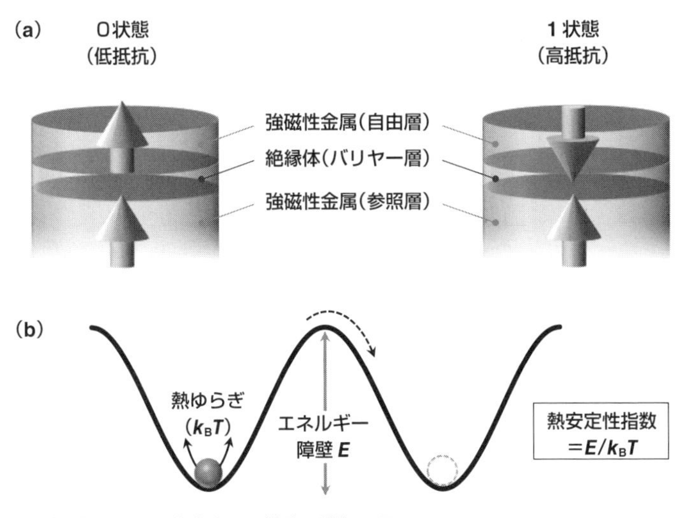

〈図1〉磁気トンネル接合素子の構造と動作原理
(a)磁気トンネル接合素子の構造，および0と1を記憶した状態での磁化の方向(矢印)。(b)磁化の方向にともなうエネルギーのプロファイル。

■界面磁気異方性MTJ

磁気異方性とは，強磁性体の内部エネルギーが磁化の向きに依存する性質であり，磁化が向きやすい方向を容易軸，向きにくい方向を困難軸という。応用上は磁気トンネル接合素子の容易軸が〈図1a〉のように膜面垂直方向であるとき，前述の3要件のうち，2つめの磁化反転と3つめの熱安定性を両立するうえで好ましい。磁気異方性にはさまざまな起源があり，代表的なものに，強磁性体の結晶構造に由来するもの（結晶磁気異方性）と，形状に依存するもの（形状磁気異方性）がある。

2010年に池田らは，それまで面内方向に容易軸を有する磁気トンネル接合において大きなトンネル磁気抵抗比が報告されていたCoFeB自由層とMgOバリヤー層からなる構造において，CoFeB自由層を数原子層レベルまで薄膜化することでCoFeB/MgO界面に存在する磁気異方性によって垂直磁化容易軸が実現され，3要件を高いレベルで満足できることを報告した[1)]。この技術は現在実用化が始まりつつある不揮発性磁気メモリーの基盤となっている。

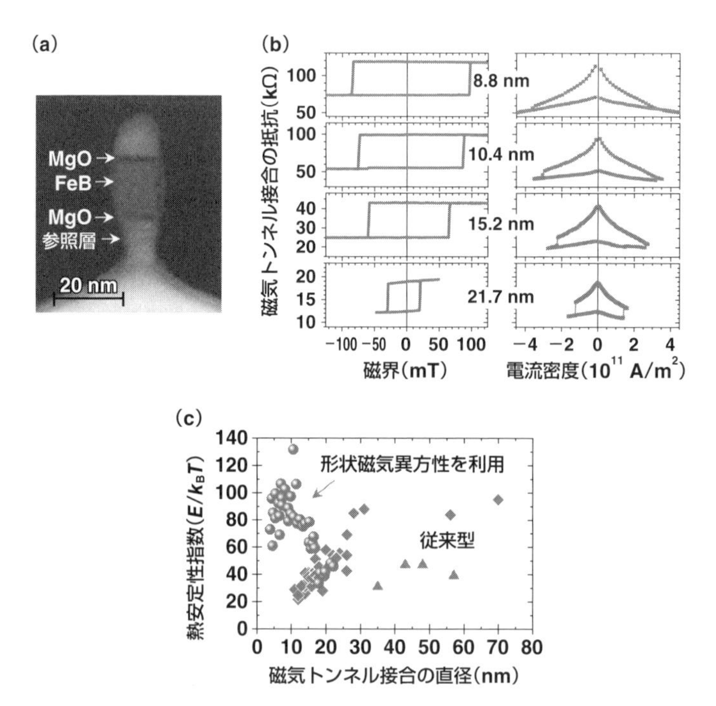

〈図2〉極微細磁気トンネル接合素子の実験結果

(a)作製した磁気トンネル接合の断面電子顕微鏡像。(b)直径8.8, 10.4, 15.2, 21.7 nmの磁気トンネル接合素子の抵抗の垂直磁場および電流密度に対する応答。(c)形状磁気異方性を利用した素子の熱安定性指数の直径依存性, および従来型(界面磁気異方性を利用)との比較。

しかしこの界面磁気異方性を利用する方式にも限界がある。筆者らのその後の研究[2)]から, この方式で素子を微細化していくと, 20 nm以下では熱安定性が必要値を下回り, 新たな方策が必要となることがわかっていた。

■形状磁気異方性MTJ

一方で素子が微細化されると別の可能性がみえてくる。ここで重要となるのがこれまで有効利用されてこなかった形状磁気異方性である。素子の面内方向での微細化を進め, 同時に膜厚を厚くすると, 棒磁石を縦にしたような形状となり，それによって垂直容易軸が実現できると予測される。

このようなコンセプトのもと，筆者らは極微細磁気トンネル接合素子を作製し，電流誘起磁化反転や熱安定性指数を評価した[3]。〈図2a〉は作製した磁気トンネル接合素子の断面電子顕微鏡像である。自由層には先述のCoFeBと似た性質を示し，より電流で磁化反転を誘起しやすいFeB合金を用い，その膜厚は15 nmとした。バリヤー層はMgOである。先述の池田らの研究では薄膜化により界面磁気異方性を有効利用したのに対し，本研究では厚膜化による形状磁気異方性を有効利用しており，いずれも新材料を導入していない点は特筆に値する。

作製した直径が21.7 nmから8.8 nmまでの磁気トンネル接合素子に垂直方向の磁場および電流を印加したさいの抵抗の変化の様子を〈図2b〉に示す。また，〈図2c〉には磁場による磁化反転の確率を測定して求めた熱安定性指数が，従来型の界面磁気異性を利用したものとともに，磁気トンネル接合の直径に対して示されている。形状磁気異方性を用いた磁気トンネル接合素子では，図示されたすべての素子で電流による磁化反転が観測され，かつ極微細領域において従来方式では実現できない高い熱安定性指数が得られている。

以上述べたように，磁気異方性を巧みにデザインすることで，不揮発性磁気メモリーの大容量化を可能とする高性能極微細磁気トンネル接合素子の実現への道が開けてくる。これは，超低消費電力情報処理通信社会の発展を力強く推し進めていく切り札になるものと期待される。

本項で紹介した研究はおもにJST-OPERAの助成のもと，東北大学の渡部杏太氏，陣内佛霖氏，佐藤英夫氏らと共同で行ったものである。

参考文献

1) S. Ikeda *et al.*: Nature Mater. **9**, 721 (2010).
2) H. Sato *et al.*: Appl. Phys. Lett. **105**, 062403 (2014).
3) K. Watanabe *et al.*: Nature Commun. **9**, 663 (2018).

流体力学，プラズマ物理

●プラズマ乱流のストリーマー研究の新展開
●Hモード遷移過程の実験的検証の新展開
●海洋マイクロプラスチックのゆくえ

プラズマ乱流のストリーマー研究の新展開

山田琢磨

プラズマの閉じ込めは乱流によって支配されているため，核融合研究では乱流の理解が必須である。十数年前に相次いで帯状流やストリーマーなどのメゾスケール構造の存在が実験的に立証されたことにより，プラズマの乱流研究は新たな段階へと進んだ。すなわち，乱流による輸送は，温度や密度などの局所的条件だけでなく，プラズマの広い領域にまたがって存在する大きな構造の影響も含めなければならないことが当然となった。たとえば，ミクロスケール構造であるドリフト波は密度勾配によって励起されるが，ドリフト波が非線形結合によってつくり出すメゾスケール構造も輸送に大きな影響を与える。同じメゾスケール構造でも，帯状流は輸送を抑制し，ストリーマーは輸送を増大させてしまう。

今回は，発生することが好ましくない「ストリーマー」に着目し，その実験的検証がどの程度まで進んでいるかを紹介する。はじめに，単純な形状で基礎物理実験に適している直線プラズマにおいて，ストリーマーの構造解析がどこまで進んでいるか，続いて同じく直線プラズマ内でストリーマーが実際に輸送に与える影響を調べた結果を紹介する。最後に，大型のトーラスプラズマにおいてもストリーマーの存在が確認できた例を紹介する。

ストリーマーは，2008年に九州大学の直線プラズマ装置で存在が立証された[1)]。〈図1a〉のように，プラズマ断面の周方向に並べたプローブで密度揺動の時間発展を計測すると，乱流が塊となって周方向のある位置に局在していることがわかる。個々の乱流成分は時間とともに図の上方向へと伝搬しているが，乱流の塊はゆっくりと下方向へと伝搬している。さらにこの乱流の塊は別の径で測定すると径方向には伸びた構造をしているので〈図1c〉，プラズマの内側と外側をつなげてしまい，輸送を引き起こしてしまう。これがメゾスケール構造であるストリーマーの概略である。

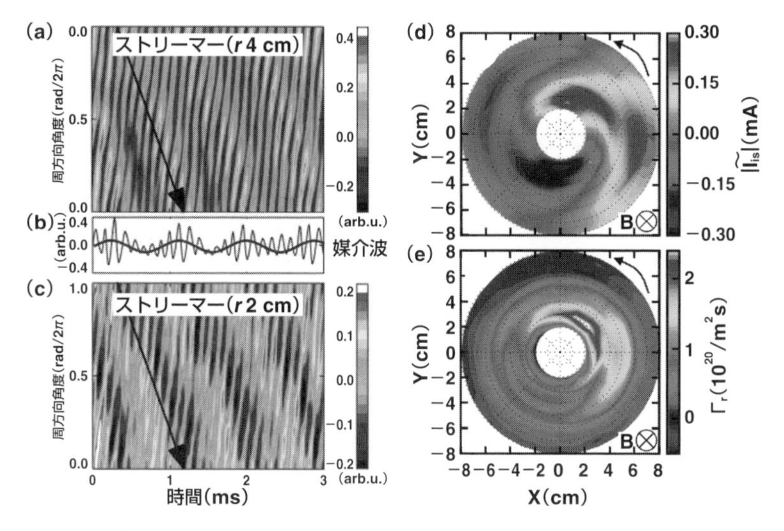

〈図1〉直線プラズマで観測されたストリーマー
(a)半径4 cmと(c)半径2 cmの位置で，同時刻に周方向プローブで測定した密度揺動の時間発展。乱流の塊(ストリーマー)の存在が確認できる。(b)は(a)の周方向角度0度の信号。低周波数の成分が媒介波である。(d)プラズマ断面での乱流の包絡線と，(e)径方向粒子束。

その後の研究でストリーマーは，乱流の塊の包絡線と同じ構造をもつ「媒介波」によって生み出され，乱流の塊は媒介波と位相を同期しながら移動することがわかった[2)]。つまり，ドリフト波乱流内のあるモードが媒介波と非線形結合をすることで新たなモードをつくり出し，もとのモードとビートをつくることで乱流の塊となる。この乱流の塊は媒介波によって生じたものなので，媒介波との位相関係が固定されている。〈図1b〉からわかるとおり，媒介波の山の位置に乱流の塊があることから，ドリフト波乱流内のさまざまなモードが媒介波と非線形結合をし，媒介波の山の位置に積み重なっていることが想像できる。ところが個々の乱流モードの非線形結合を確認すると，なかには媒介波の山の位置とは異なる場所に乱流の塊を生じさせるモードも存在した。似た位相関係で結合するモードが多ければストリーマーの周方向および時間方向の幅は狭く突出したものとなるが，異なる位相関係で結合するモードの存在はストリーマーの幅を広げてしまう。結局ストリーマーの幅を狭めるモード，広げるモードのすべてを合わせてストリーマーの形状は決まることになるが，個々のモードの寄与や，何がストリーマーの幅を決めるかに関しては今後の研究が待たれる。

続いてストリーマーが実際に輸送に与える影響についての研究結果を紹介する[3)]。〈図1d〉は直線プラズマの断面上でドリフト波乱流の包絡線を描いたものである。つまり大まかにいえば，図の値の大きい部分が乱流の塊であるストリーマーを表し，値の小さい部分は乱流の振幅があまり大きくない領域を示す。ストリーマーは，プラズマの内側と外側をつなぐような径方向に長く伸びた構造を維持しながら，図の矢印方向（反時計まわり）に回転する。〈図1e〉は同じプラズマ断面上での径方向の粒子束を示したものである。径方向の粒子束は，密度揺動と，電場の周方向成分の揺動によって求めることができる。結果，ストリーマーが存在している領域の粒子束は，それ以外の領域に比べて粒子束が1.5～2.5倍大きいことがわかった。また包絡線のピークが通り過ぎた直後に粒子束が最大となることからも，この大きな径方向輸送がストリーマーに起因していることがわかる。

最後に，大型のトーラス装置でストリーマーが観測された例を紹介する。〈図2〉は中国のHL-2Aトカマク装置のHモードプラズマで観測されたストリーマーの様子である[4)]。プラズマ断面の温度揺動が2マイクロ秒ごとに並べられている。38マイクロ秒を境に，準コヒーレントな揺動からストリーマーが支配する構造へと変化し，プラズマの内外をつないでいることがわかる。過去にも核融合科学研究所のJIPP T-IIUトカマクプラズマでストリーマーの兆候をとらえた例はあったが[5)]，図のようにトーラス装置で明確にストリーマーの2次元構造を図示できた例は初めてである。

今回紹介したように，計測技術の発達によってストリーマーのような大きな構造も実際に測定ができるようになり，メゾスケール構造の実験的検証は日々進歩している。核融合プラズマの閉じ込め性能の向上のためにも，今後のさらなる研究の発展が期待される。

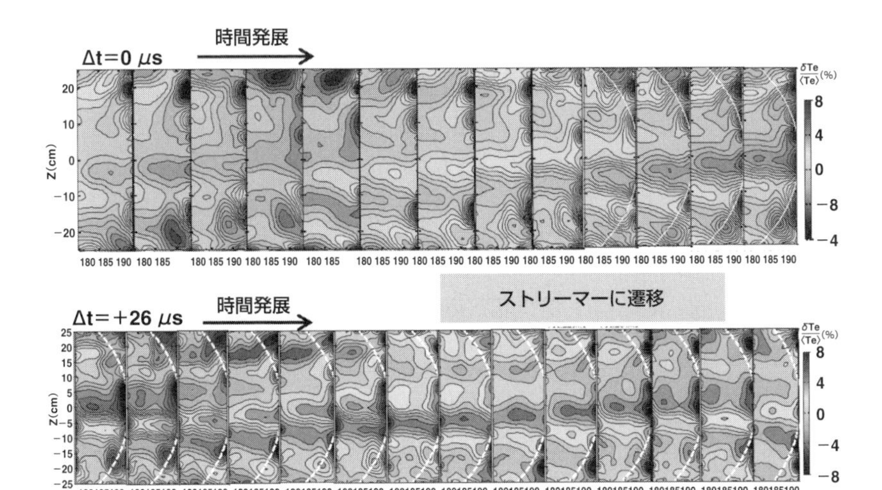

〈図2〉トーラスプラズマで観測されたストリーマー
HL-2A トカマク装置（中国）のＨモードプラズマでの観測結果。プラズマ断面の電子温度揺動が2マイクロ秒ごとに並べられている。準コヒーレントな揺動が観測されている状態から，38マイクロ秒にストリーマーが出現している。

参考文献

1）T. Yamada *et al*.: Nat. Phys. **7**, 421 (2008).
2）T. Yamada *et al*.: Phys. Rev. Lett. **105**, 225002 (2010).
3）F. Kin *et al*.: Phys. Plasmas **26**, 042306(2019).
4）Cheng *et al*.: *Proc. 27th IAEA Fusion Energy Conference*, Gandhinagar, EX/P5-6 (2018).
5）Y. Hamada *et al*.: Phys. Rev. Lett. **96**, 115003 (2006).

Hモード遷移過程の実験的検証の新展開

小林達哉

■背景

磁場閉じ込めプラズマは，その維持のために外部加熱を必要とする非平衡開放系である。プラズマを高温化するために熱入力を増加させると，温度や密度の勾配がもつ自由エネルギーが乱流輸送を発生させる。その結果，加熱の増加に対して温度上昇が鈍化・飽和する。一方，あるしきい値以上のパワーで加熱を行うと，乱流が抑制された改善閉じ込め状態への自発遷移が起こる。遷移前後のプラズマはそれぞれLモード，Hモードとよばれ，異なる物性を有する。Hモードプラズマは開放系における自発形成された散逸構造であり，また核融合炉心プラズマに適した性質をもつため，その遷移物理機構の解明は学術的・工学的観点から強く望まれている。Hモードは1982年に初めて発見[1)]されたのち，径電場形成が閉じ込め改善の原因となることが理論的に予測され[2)]，トーラス周辺領域での電場構造の実測に至った[3)]。ところが，電場の励起機構および電場による乱流の抑制機構の実験的検証は未決着の課題であった。近年，日本原子力研究開発機構のJFT-2M トカマク装置で得られ保存されていたデータが，先進的手法を用いて再解析された。本項では得られた進展を解説する。

■電場励起機構

電気的準中性である磁場閉じ込めプラズマ中に局所電場が形成される機構として，以下に3つの主要要素を挙げる。1つめは，電子とイオンの軌道が異なることに起因する荷電分離である。荷電分離の大きさは電場に強く依存するため，非線形性による分岐現象が現れる[2)]。2つめは，乱流による流れ場の励起によるものである。トーラス垂直断面周方向（ポロイダル方向）の流れ場は，流体方程式を介して径電場と対応する。プラズマ中にポロイダルせん断流れ場

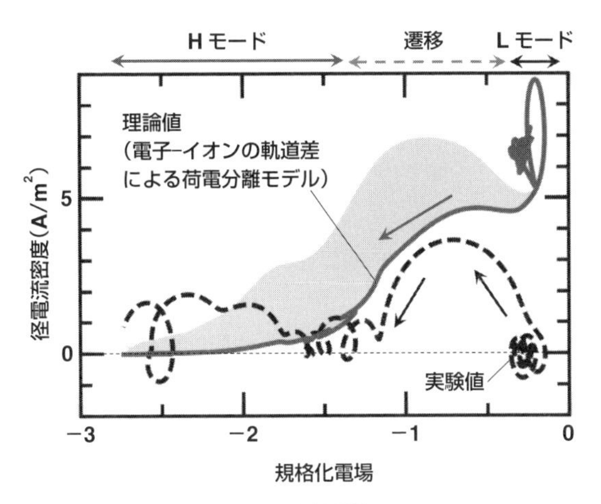

〈図1〉Hモード遷移時の電場励起機構検証
径電流密度−規格化電場空間における実験値と理論値の比較。

と乱流場が共存する場合，変調不安定性により乱流応力が流れ場と径電場を増幅する[4)]。3つめは，周辺領域における電子乱対流による運動量損失が一因となる径電場形成機構である[2)]。これまで複数の要素を網羅的に検証した例がなく，支配的な機構の同定には至っていなかった。

径電場励起の大きさを荷電分離のさいの径電流の大きさに換算することで，理論モデルが実験と比較された[5)]。まず，電子とイオンの軌道差による荷電分離モデルが検証された。〈図1〉は，電流密度を規格化電場に対してプロットしたものである。実験値の軌跡は，LモードからHモードに遷移して電場構造が形成されるさいに3～4 A/m^{2}程度の正の電流が発生することを示している。また理論モデルでも同程度の電流が予測されており，遷移時にこの要素が重要となることが定量的に示された。一方，乱流応力による径電流はLモードで粒子軌道由来のものより1桁程度小さく，支配的な効果とはならなかった。またLモードでは，実験値と理論値に差異がある。ここで電子乱対流運動量損失量を見積もると，この差異と同オーダーの負電流が得られた。Lモードにおいて径電流平衡を担っていた電子乱対流による負電流が，遷移のさいに消失して粒子軌道由来の正電流のみが残ることで負電場が励起されると考えれば，遷移前後の実験値の軌跡が再現される。ただし電子乱対流運動量損失の見積もりには定量性に課題が残されており，今後の発展が待たれる。

■ 乱流輸送抑制機構

励起される電場構造は，〈図2a〉に示すような極小値をもつU字形状になるため，その大きさが空間的に急変するせん断電場構造となる。これまでこのせん断電場がE×Bせん断流となって乱流渦を引き伸ばし，平均流化もしくは熱化させることで乱流輸送を抑制すると考えられていた[6)]。ところが乱流輸送は，せん断流の存在しないU字の底の位置を含めた広い領域でほぼ同時に抑制され

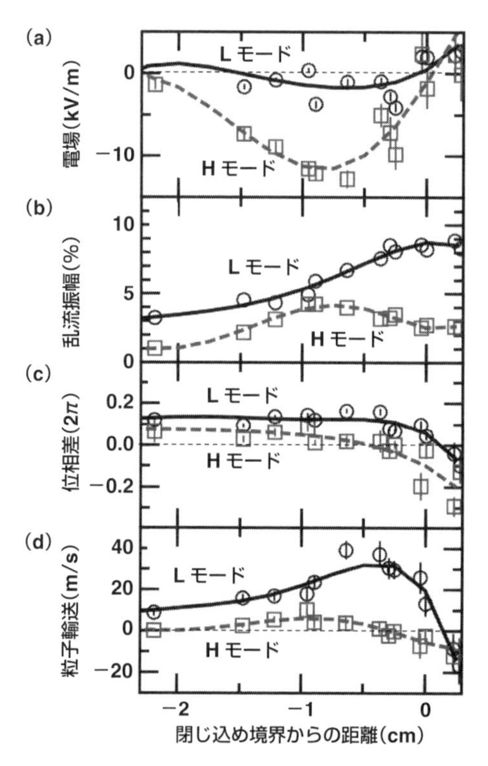

〈図2〉Hモード遷移のさいの電場と乱流輸送の分布の変化

(a)電場，(b)乱流振幅，(c)密度乱流と電位乱流の位相差，(d)粒子輸送の分布。

るため〈図2d〉，せん断流以外の機構も存在するはずである。乱流粒子束は，乱流振幅および密度乱流と静電位乱流の位相差（の正弦）に比例する。密度乱流振幅〈図2b〉は，せん断度の大きいU字の両端の部分では減少するが，せん断度の小さいU字の底の部分では変化が小さい。一方，位相差〈図2c〉は，観測されている広い領域でゼロに近づいている。振幅抑制ではせん断流の効果が顕著であるが位相抑制ではその限りでなく，大域的な輸送抑制を説明し得るという一例が示された[7)]。

今後，得られた結果を説明できる新たなモデルを構築し，より予測性のある理論体系を確立することが課題となる。

参考文献

1）F. Wagner *et al.*: Phys. Rev. Lett. **49**, 1408（1982）.
2）S.-I. Itoh and K. Itoh: Phys. Rev. Lett. **60**, 2276（1988）.
3）K. Ida *et al.*: Phys. Rev. Lett. **65**, 1364（1990）.
4）P. H. Diamond *et al.*: Plasma Phys. Contr. Fusion **47**, R35（2005）.
5）T. Kobayashi *et al.*: Sci. Rep. **6**, 30720（2016）.
6）H. Biglari, P. H. Diamond and P. W. Terry: Phys. Fluids B **2**, 1（1990）.
7）T. Kobayashi *et al.*: Sci. Rep. **7**, 14971（2017）.

海洋マイクロプラスチックのゆくえ

磯辺篤彦

■ マイクロプラスチックとは

海岸漂着した海ごみのうち，個数比にして約7割は廃棄プラスチックである[1)]。漂着したプラスチックごみを半年ほど放置すれば紫外線などによる劣化が進行し[2)]，これに海岸砂との摩擦や寒暖差による伸縮といった物理的な刺激が加わって，破砕がくり返されるらしい。こうして生成されるプラスチック微細片のうち，とくに大きさ5 mm以下のプラスチック片を，私たちはマイクロプラスチックとよんでいる。いまのところ，発見された最小サイズは数十 μm以下に及ぶが，地球環境下でどの程度のサイズまで破砕が進行するか実態は解明されていない。

それほど小さなマイクロプラスチックが，なぜ環境負荷となるのだろうか。プラスチック表面に吸着しやすい海水中の化学汚染物質が，マイクロプラスチックの誤食を通して海洋生物に移行する。そして，これが体内で脱着したのち何らかのダメージを与える危惧がある[3)]。加えて，未使用のプラスチックビーズを水棲生物に摂食させ，発現した障害を報告した実験結果も数多く報告されている[3)]。毒ではないが栄養にもならないプラスチックの大量摂取は，生物にとって負担なのだろう。

ただ，限度を超えて摂取すれば何であっても有害である。実海域でのマイクロプラスチックの浮遊量は，生物に負担となる水準なのだろうか。いまのところ，実海域で海洋生物への影響は報告されていない。それでも，増え続けるプラスチックの消費量を考えれば，今後は，海域でのマイクロプラスチック浮遊量の監視や，発生・輸送機構の解明が重要である。

■マイクロプラスチックの輸送

まず鉛直方向のマイクロプラスチック輸送を解説する。マイクロプラスチックの80〜90 %は，海水よりも比重の小さなポリエチレンやポリプロピレンである[4)]。したがって，海が静穏ならば，上向き浮上速度をもつマイクロプラスチックは海面近くを漂うだろう。もちろん，実際の海洋表層には物質を上下にかくはんする乱流混合がある。浮上とかくはんが平衡した結果，マイクロプラスチックの浮遊密度は海面から指数関数的に減少し，浮遊層は海面から深さ1 m程度までに集中するといわれている[5)]。しかし，波や風の作用で鉛直方向に混合されて，浮力の小さな微小サイズのマイクロプラスチックほど，深い層まで到達し浮遊する可能性もある[6)]。私たちは目合い約0.3 mmのネットを水平方向に海面近くで引いて，マイクロプラスチックを採取することが多い。サイズが数 μm〜数十 μm以下のマイクロプラスチックを採取・分析する技術は，十分に確立されていない。また，水深が数十mや数百m，あるいは深海におけるマイクロプラスチック分布は，ほぼ未踏の研究テーマである。

瀬戸内海で実施した観測結果を踏まえて，私たちは，海洋におけるマイクロプラスチックの水平輸送モデルを提案した[4)]。乱れが強い海洋では，浮力の小さなマイクロプラスチックは深い層を漂流する一方で，大きな浮力を得る大型プラスチック片（メソプラスチック＞5 mm）は海面近くを漂う傾向にある。さて，海上で寄せては返す波は，海水を完全には返しきらず，結果として波の寄せる方向にゆるやかな流れを生む。この流れがストークスドリフト（Stokes drift）である。総じて浅海の波は海岸へ向かうため，ストークスドリフトも岸に向かう。風波にともなうストークスドリフトは海面で最速となり，下層に行くほど速度を落とす。結果として，海面近くを漂うメソプラスチックは，速いストークスドリフトによって選択的に海岸へと流れ寄せられる。海岸に近づくほど数多くの浮遊が観測されるメソプラスチックと，岸沖方向に満遍なく広がるマイクロプラスチックの分布の違いが，このようなストークスドリフトをとり入れた数値実験によってうまく説明できた[4)]。また，海岸から沖へと海水を押しもどす離岸流は局所的に過ぎて，岸近くに集まったメソプラスチックを沖にもどす効果は弱いことが示唆された。

海岸近くまで寄せたメソプラスチックには漂着機会が増える。漂着すれば紫外線で劣化が進行し，加えて海岸砂との摩擦など物理的な刺激でマイクロプラスチックに破砕されていく。小さなマイクロプラスチックになってしまえば，波にさらわれて再び海へと漂流を始め，今度はストークスドリフトに運ばれることなく，海流によって海岸を離れ遠く沖合へ向かう。海は，メソプラスチックを選んで海岸に運び上げ，マイクロプラスチックへと効率よく破砕する機能をもつのである。

■ミッシングプラスチックのゆくえ

日本周辺海域で採取したすべてのマイクロプラスチックを用いて，浮遊密度（海水単位体積あたりの浮遊個数）をサイズごとにプロットしてみよう〈図1〉[7]。サイズが小さくなるほど，浮遊密度（棒グラフ）の増加が著しい。もちろん，1片のプラスチックが破砕をくり返せば，しだいに細片数は増えていくだろう。

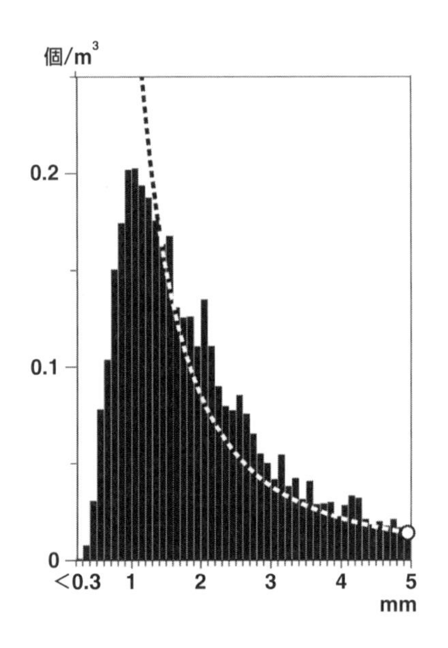

〈図1〉日本周辺で採集したマイクロプラスチックのサイズ別浮遊密度
サイズ（横軸）の区切り線は0.1 mm刻み。破線は本文参照。

したがって，この浮遊密度の増加は当然である。ここで，5 mmサイズのマイクロプラスチック（〈図1〉の白丸の位置）の総体積（プラスチック密度を一定とすれば総質量）を計算する。続いて，この総体積を一定に保ったまま破砕がくり返されると仮定し，サイズの減少に応じた浮遊密度を求めた（図中の破線：サイズを直径，その1/10を高さとした円柱換算で体積を計算）。すなわち破線は，5 mmサイズの浮遊密度から期待される，各サイズでの浮遊密度の予想曲線である。サイズが1 mm程度までは，棒グラフは破線の変化におおむね対応している。ところが，1 mmを下回ったあたりから両者の解離が目立つ。サイズが小さくなるほど等比級数的に数を増す予想曲線に比べ，海面近くで採取された

1 mm以下のマイクロプラスチックは，期待されるよりも，はるかに少ない浮遊密度であった。ここでは見やすくするため図の上部を切っているが，じつのところサイズが1 mm程度の予想曲線は観測値の5倍程度に，サイズが0.5 mm以下になれば100倍程度にまで差が広がる。私たちは現状で，予想される浮遊量の1％程度しかとらえることができていないのである。

1 mm以下のマイクロプラスチックは，どこへ消えたのだろうか。1つの可能性は，採集からの漏れである。たとえサイズが網の目合い0.3 mmより長くとも，細長い形状であれば網をすり抜けることができる。一方で，マイクロプラスチックの海洋表層からの消失過程も指摘されている。海洋を長く漂ううち，生物が表面に付着することで重くなったマイクロプラスチックは，しだいに沈降を始めるとの報告がある[8)]。海洋生物が摂食したのち，糞(ふん)や死骸に混じって沈降するのかもしれない。砂浜海岸での吸収も無視できない[9)]。しかし，ほとんどは未解明かあるいは研究が未着手であり，この消えたプラスチック（ミッシングプラスチック）のゆくえが，いま海洋プラスチック汚染研究のもっとも重要なテーマである。私たちは，大型のプラスチックごみが破砕をくり返し，マイクロプラスチックが生成され，そして消失に至る一連の海洋プラスチック循環の実態を解明できていない。

参考文献

1）J. G. B. Derraik: Mar. Pollut. Bull. **44**, 842 (2002).
2）A. L. Andrady: Mar. Pollut. Bull. **62**, 1596 (2011).
3）L. C. de Sá *et al.*: Sci. Total Environ. **645**, 1029 (2018).
4）A. Isobe *et al.*: Mar. Pollut. Bull. **89**, 324 (2014).
5）J. Reisser *et al.*: Biogeosciences **12**, 1249 (2015).
6）Y. K. Song *et al.*: Environ. Sci. Tech. **52**, 12188 (2018).
7）A. Isobe *et al.*: Mar. Pollut. Bull. **101**, 618 (2015).
8）M. Long *et al.*: Mar. Chem. **175**, 39 (2015).
9）A. Turra *et al.*: Sci. Rep. 4:4435, DOI:10.1038/srep04435 (2014).

素粒子物理

- ●トップクォークの質量起源の解明
- ●量子重力における対称性と沼地予想
- ●弱い重力予想と素粒子論・宇宙論
- ●銀河系外ニュートリノの観測
- ●物質優勢宇宙のなぞと格子量子色力学

トップクォークの質量起源の解明

花垣和則

■素粒子の質量起源

素粒子の質量は，ヒッグス粒子と素粒子との相互作用により，動的に生成される（ヒッグス機構）と考えられている。よって，2012年のヒッグス粒子発見は大きな話題になったが，質量の起源の実験的検証という観点からは，ヒッグス粒子の発見だけでは不十分で，ヒッグス粒子と素粒子が相互作用していることを確認しなければならない。ヒッグス機構はもともと，ゲージ対称性[*1]という枠組みを壊さずに，弱い相互作用を媒介するWとZ粒子が質量を獲得するしくみとして考案されたため，ヒッグス粒子発見時に，WおよびZがヒッグス粒子と相互作用していることも同時に観測されたが，そこにはそれほど大きな驚きはなかった。

一方で，物質の根源であるクォークや電子などのフェルミオンの質量を説明するには，ヒッグス粒子とフェルミオンとのあいだに，湯川結合とよばれる新たな相互作用を導入しなければならない。WやZの質量生成のしくみがゲージ対称性という基本原理からの要請に基づいているのに比べると，フェルミオンの質量起源の説明はずいぶんと恣意的である。それゆえ，2012年以降，フェルミオンの質量起源の実験的検証，すなわち，湯川結合の観測が喫緊の課題となった。本項は，LHC実験の1つであるATLASグループによる，湯川結合定数測定の最新結果をお伝えするものである。

■トップクォーク対をともない生成されるヒッグス粒子を発見

ヒッグス粒子がフェルミオンと相互作用していることを実証するには，検証し

*1　現代の素粒子物理学は量子力学，特殊相対性理論，ゲージ対称性のうえに立脚している。ゲージ対称性は電弱相互作用と強い相互作用のかたちを規定している重要な概念である。

たいフェルミオン対へのヒッグス粒子の崩壊を見つけるのが手っとり早い。実際，LHC実験では，$H \to \tau^+ + \tau^-$崩壊（Hはヒッグス粒子を意味する）や，$H \to b + \bar{b}$崩壊を観測することで，τとbクォークが直接ヒッグス粒子と相互作用していることを突き止めた[*2]。さらに，後述するように，その相互作用の大きさ，すなわち，湯川結合の大きさを崩壊頻度の測定[*3]により求めている。

しかし，トップクォークの場合，ヒッグス粒子よりもトップクォークのほうが重いため，ヒッグス粒子はトップクォーク対に崩壊できない。そこで，崩壊ではなく，ヒッグス粒子がトップクォークとの相互作用により生成される事象を探す。この事象は，$t\bar{t}H$とよばれ，陽子-陽子衝突により，トップクォーク対とヒッグス粒子が同時に生成されるものである。

ヒッグス粒子の存在は，その崩壊を同定することで示せるので，結局のところ，トップクォーク対生成事象中にヒッグス粒子が何らかの粒子対に崩壊していないかを探すことになる。$t\bar{t}H$生成探索では，ヒッグス粒子のさまざまな崩壊様式を利用するが，なかでも，$H \to \gamma\gamma$は崩壊確率は小さいものの，背景事象が比較的少ないクリーンな終状態のため，データ量が増えてくると，$H \to \gamma\gamma$探索が$t\bar{t}H$生成探索の主役となった。

〈図1〉は，ATLASグループが重心系衝突エネルギー13 TeVで収集した全データである139 fb^{-1}を使って今年発表した結果で，トップクォーク対をともない生成されたヒッグス粒子が2つの光子に崩壊したことを示している。誤差棒つきの黒点が実データでの観測数を示し，背景事象によるなだらかな分布のうえに，ヒッグス粒子からの崩壊を示唆するピークが存在する。そのピークの位置125 GeV/c^2というのは，まさに，2012年に発見したヒッグス粒子の質量である。この結果により，トップクォーク対とヒッグス粒子の同時生成が確定的となった。トップクォークも湯川結合を通したヒッグス機構により質量を獲得しているのだ。

■ 質量起源の全貌解明へ向けて

ATLASグループによる，ヒッグス粒子と素粒子との結合の強さの測定結果のまとめを〈図2〉に示す。上の図は，縦軸がある特定の素粒子とヒッグス粒子

＊2　WとZも同様の方法でヒッグス粒子と相互作用していることを確認した。
＊3　実際に測定しているのは，ヒッグス粒子の生成断面積と崩壊頻度の積である。

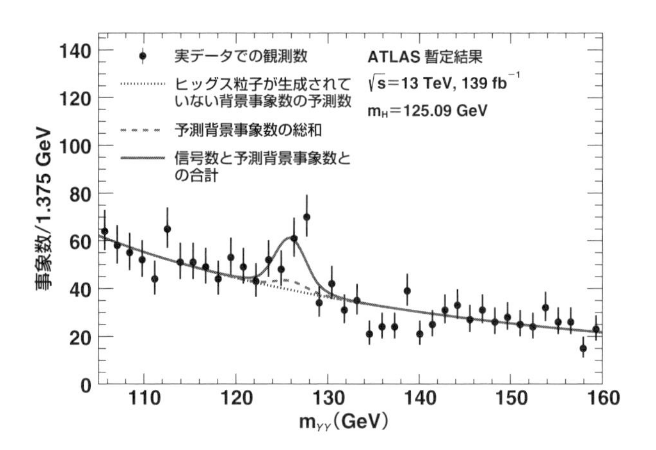

〈図1〉トップクォーク対をともない生成された光子2個から再構成した不変質量分布[1)]

黒い丸が実データでの観測数，細かい点線が背景事象数の予測を表す。実線は，予測背景事象数と信号数との合計である。

との結合の大きさ，横軸が対応する素粒子の質量である。標準模型では，1種類のヒッグス粒子の存在を予言し，結合の大きさと質量が比例するので，測定した各点を結ぶと直線になるはずである（点線が標準模型の予言）。各点が直線上に乗っているかを見やすくするために，測定した湯川結合の大きさを標準模型の予言値で割ったものが下図に示されている。すべての測定結果が誤差の範囲内で直線に乗っている。すなわち，実験結果は，1種類のヒッグス粒子によるヒッグス機構でトップクォーク，W，Z，bクォーク，τの質量が生成されていることを示唆している。

だが，図から同時にみてとれるように，測定誤差はかなり大きい。とくに湯川結合測定はまだ始まったばかりといえる。超対称性に代表される，標準模型を超える物理模型の多くは，複数種類のヒッグス粒子の存在を予言している。その場合，測定した各点は1直線上に乗らなくなる。今後の課題は，測定精度を上げることで，直線からのずれを見つけることになる。

同時に，直近の目標は，μ粒子の湯川結合測定だ。〈図2〉ではわかりにくいが，μ粒子の湯川結合の測定ではその精度が悪いために，測定した値がゼロから有意に離れているのか（＝湯川結合が存在するのか）判断できない。これまで

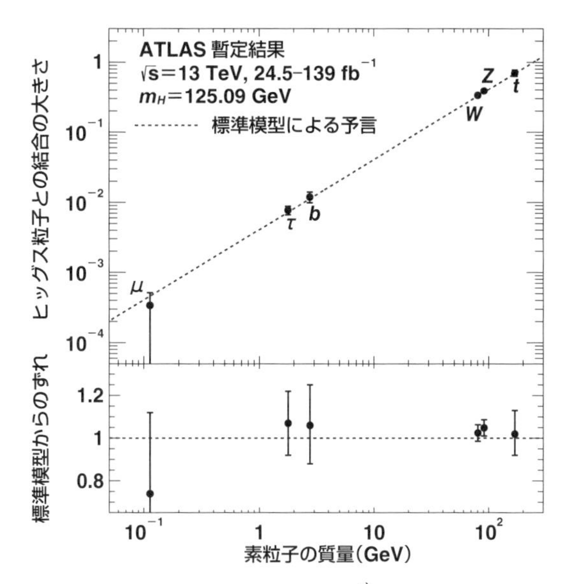

〈図2〉素粒子の結合の強さと質量の関係[2)]
μ粒子については，図中に点があるが，測定精度が悪く，その誤差棒の下限はゼロにまで達している。

に湯川結合が測定されているのはすべて第3世代フェルミオン*4だ。世代のなぞは，素粒子物理学に突きつけられた大きな問題であるが，いまのところそのなぞを解明する手がかりはない。だからこそ，第3世代と第2世代のフェルミオンが同じヒッグス機構によって質量を獲得しているのかどうかを実験的に検証することには，大きな意義がある。

そして，もう1つ重要な測定課題がある。ヒッグス粒子の自己結合定数とよばれる，ヒッグス粒子どうしの相互作用の強さを表すパラメーターの測定だ。この相互作用により，ヒッグス粒子自身の質量が生成されると同時に，真空に凝縮しているヒッグス粒子がつくり出すポテンシャルのかたちが決まっている。ヒッグスを研究している者にとっては，ここまで到達して，ようやくヒッ

＊4　クォークは全部で6種類存在するが，質量の近いクォーク2個が1つのグループをつくり，質量の離れたところに第2，第3のグループが存在する。電子の仲間（レプトンとよぶ）も全部で6種類存在し，クォーク同様3つのグループに分類できる。クォークとレプトンのグループをそれぞれひとまとめにして，質量の軽いほうから第1世代，第2世代，第3世代とよぶ。

グス機構の全貌をなんとなく[*5]理解した気分になれる。

LHC は，2026 年をめどに高輝度化を行う。超対称性粒子など未知の新粒子の探索領域を広げると同時に，上記の測定が大きな目標となっている。今後のヒッグス粒子の測定結果からも目が離せない。ご期待ください。

参考文献

1）The ATLAS Collaboration: "Measurement of Higgs boson production in association with $t\bar{t}$ pair in the diphoton decay channel using 139 fb^{-1} of LHC data collected at $\sqrt{s} = 13$ TeV by the ATLAS experiment," ATLAS-CONF-2019-004（2019）.

2）https://atlas.web.cern.ch/Atlas/GROUPS/PHYSICS/CombinedSummaryPlots/HIGGS/

＊5　「なんとなく」と書いているのは，ここまで到達しても，湯川結合の起源そのものを理解できるわけではないからである。依然，ゲージ対称性のような根本原理が欠如している。

量子重力における対称性と沼地予想

山﨑雅人

太古の昔から現代に至るまで，人類は対称性に魅了され続けてきた。たとえばタージマハルの圧倒的な美しさ，そこには対称性を追求する建築家のほとばしる情熱がある。

物理学者もまた，情熱をもって対称性を探究してきた。自然界に存在する根源的な物理法則を探し求める彼らにとって，対称性はしばしばこの複雑な世界に秩序をもたらす指導原理としての役割を果たしてきた。

そもそも物理学における対称性とは何だろうか？　これは見かけほど自明な問いではないが，物理学の教科書では通常2種類の対称性を区別している。大域対称性と局所対称性（またの名をゲージ対称性）である。

大域対称性はわれわれが素朴に思い浮かべる対称性を一般化した概念である。たとえば，タージマハルは向かって左右に対称になっている。この場合，真ん中に鏡があるとして，それについて鏡像をとっても（つまり，真ん中の線について折り返しても）変化はないので，鏡像対称性という大域対称性があることになる。このように，大域対称性は1つの状態と，別の物理的に異なる状態が同じ性質をもつことを主張する。

一方，局所対称性(ゲージ対称性)はこの意味での物理的な対称性ではない。つまり，物理学者が自然界を記述する都合上，対称性があるかのように考えておくと便利というだけで，対称性変換を施しても状態の記述する物理はそもそも原理的に区別がつかない。この意味で，ゲージ対称性は本来的な意味では対称性ではなく，むしろ冗長性とよばれるべきものである。

それでは，「真の対称性」である大域対称性は，物理学の根本原理の1つであり得るのだろうか？

驚くべきことに，現在の量子重力および超弦理論の研究では，この問いに対して否定的な答が与えられているのだ。つまり，「量子重力においては厳密な大域対称性は存在しない」と信じられているのだ[*1]。量子重力は量子力学と一般相対性理論を統合した理論であり，それはたとえば宇宙のごくごく初期を記述することができる。ここは時空が量子的にゆらぎ，時空の概念そのものが問い直される世界である。ここでは，われわれが慣れ親しんできた対称性の概念も，また問い直されているのだ。

量子重力において厳密な大域対称性が存在しないという証拠の1つは，一般相対性理論によってその存在が記述されるブラックホールを用いるものである[1)]。ブラックホールの完全な量子力学的記述は存在しないが，半古典的な記述は知られており，いまの目的のためにはそれで十分である。たとえば，ブラックホールには事象の地平線が存在し，この内側からは（古典的には）光ですら外に出てくることはできない。

ブラックホールを用いた議論の要点を大ざっぱに説明してみよう。まず，対称性が存在するときには，おのおのの粒子はその対称性についての電荷をもつことになる。この「電荷」はわれわれが日頃，電気で親しんでいる電荷そのものではなく一般的にはより抽象的なものだが，両者は似たようなものだと思っておけばいまは問題ない。そして，厳密な対称性があるとは，時間がたってもこの電荷が保存することを意味する。

さて，電荷をもつ粒子を考え，この粒子をブラックホールのなかに投げ込む思考実験を行おう。しばらくたつと，ブラックホールはホーキング（Hawking）が発見したようにホーキング輻射（ふくしゃ）とよばれる光を出して徐々に蒸発していき，やがては小さなブラックホールになってしまう。

ではブラックホールに投げ込んだ粒子の電荷の情報はどこにいったのだろうか？　電荷は保存するので，投げ込んだ電荷はどこかにあるはずだ。ブラックホールが蒸発したときに出す光は黒体輻射とよばれる，温度だけで決まるスペクトルをもっているので，残った小さなブラックホールのなかにあると考えられる。実際，ブラックホールはその地平面の大きさで決まる情報量（エントロピー）をもつことからそこに電荷の情報が隠れていると考えるのが自然だ。

しかし，もう少し考えるとこれは矛盾している。なぜならブラックホールが含んでいる情報量は有限だが，ブラックホールに投げ込む電荷は，思考実験を

*1　量子重力が禁止するのは厳密な対称性だけであって，近似的な対称性であれば知られている証拠と矛盾しない。

行っているわれわれがいくらでも大きな値を選ぶことができるからだ。

この説明からわかるように，厳密な大域対称性が存在しないという予想は，本質的に重力の量子的性質を必要としており，その意味で量子重力の範ちゅうで初めて理解することができる。このような主張のことを，近年，まとめて沼地予想（swampland conjecture）とよんでいる。量子重力のことをまじめに考えなければ，沼地にはまり込んでたいへんな目に遭ってしまうというわけだ。

大域対称性についての予想はもっとも由緒正しい沼地予想であるが，現在このほかにも数多くの沼地予想が提唱されるに至っている。とくに，2018年6月，大栗らによって量子重力において正の宇宙定数をもつ宇宙は存在しないという沼地予想（ド・ジッター沼地予想）が提唱され，世界中に大きな議論を巻き起こした[2]。もしこの予想が正しければ，たとえば現在の宇宙論の標準的な模型であるいわゆるラムダCDM模型，宇宙初期のインフレーション理論，さらにはマルチバース理論や人間原理といった考え方が少なからぬ変更を迫られることになる。

ド・ジッター沼地予想については専門家のあいだで現在も活発な議論が続いており，懐疑的な専門家も少なくない。しかし，沼地予想はド・ジッター沼地予想以外にも数多く知られており，ド・ジッター沼地予想の提唱以前から活発な研究対象となっていることを強調しておきたい。

筆者自身も近年，さまざまな沼地予想を駆使して宇宙論や素粒子現象論に知見を得ようと試みてきた。また逆に，われわれの宇宙についての知識をもとに，量子重力の沼地予想について制限を与えることも行ってきた。この意味で，量子重力の研究と，そこから得られる低エネルギーでの有効理論の研究とは密接に関係しており，互いに相補的な関係にあるといえる[3]。

超弦理論をはじめとする量子重力の研究は，しばしばその理論的な整合性やその数理的構造などに動機づけられて発展してきたし，それが大きな成功を収めてきたこともまた事実である。しかし，近年の沼地予想の研究が明らかにしたことは，量子重力の研究は，われわれの宇宙を理解するという目的のためにも強力なツールを提供するということだ。これはなんとも素晴らしいことではないだろうか。

もちろん，量子重力は21世紀物理学における最大の難問の1つであり，その研究には多くの困難がともなう。しかし，それでも研究者たちはいまも日々研究に励んでいる。厳密な対称性が存在しないこと，これは量子重力を明らかにする困難な道のりの第一歩にすぎないが，その成果はすでにわれわれの物理観をゆさぶるに十分である。

本項冒頭で対称性はしばしば美と結びつけられてきたと述べたが，たとえば日本庭園においては対称性が意図的に破られ，そこにまた自然な美が見いだされてきた。物理学の研究においてもまた多様な価値観が存在し，研究の進展とともにわれわれの物理観はたえず書き換えられてきた。量子重力の研究の先には何があるのだろうか？　それは誰にもわからないが，きっとそこにはわれわれの物理観を変革してくれる何かがあるに違いない。

参考文献

1）この予想の歴史は長いが，たとえば，T. Banks and N. Seiberg: Phys. Rev. D **83**, 08401 (2011)を参考のこと。最近のホログラフィーを用いた別証明については，D. Harlow and H. Ooguri: arXiv:1810.05338.
2）G. Obied *et al.*: arXiv:1806.08362.
3）M. Yamazaki: arXiv:1904.05357.

弱い重力予想と素粒子論・宇宙論

野海俊文

■ 超弦理論の検証に向けて

一般相対性理論と量子論を統一した「量子重力理論」の構築は現代物理学の最重要課題の1つであるが，超弦理論（超ひも理論）がその最有力候補といわれて久しい。その一方で，弦の大きさがきわめて小さいために超弦理論の実験的検証は難しいと考えられてきた。しかし，近年の研究では「超弦理論で実現可能な素粒子論・宇宙論模型は何か？」「逆に超弦理論で実現できない模型は何か？」という問いを投げかけることでこの難問に挑もうという機運が高まっている。本項ではそのような議論から出てきた「重力は一番弱い相互作用である」とする「弱い重力予想」(weak gravity conjecture)[1]とその素粒子論・宇宙論への応用について背景を含めて解説したい。

■ ランドスケープ：超弦理論で実現可能な模型

まずは超弦理論の基本的性質から始めよう。超弦理論には閉じた弦（閉弦）と端をもつ開いた弦（開弦）の2種類が存在し，閉弦が重力子，開弦がゲージ粒子や物質場を記述する。とくに，開弦は高次元を漂う膜状の物体「ブレーン」(brane）に端をもつ。また，われわれの慣れ親しんだ3次元空間のほかに「小さな余剰次元」が存在することが予言される。「ブレーンの配位」や「余剰次元のかたち」を指定することで粒子スペクトルや相互作用が決定されるが(〈図1〉左)，たとえば素粒子標準模型をほぼ再現する模型もこれまでに提案されている[2]。

素粒子標準模型は大きな成功を収めている一方で，暗黒物質や宇宙初期のインフレーションを説明できないという不満足な点も抱えている。これらの宇宙論的問題を解決する理論模型を構築し，加速器実験や宇宙観測で検証するのが

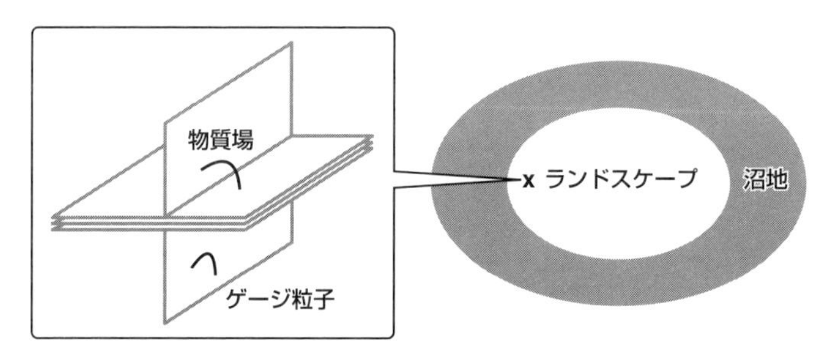

〈図1〉ランドスケープと沼地
ブレーン（左図の四角形）の配位に応じて，ブレーンに端をもつ開弦（左図黒線）が表す粒子の種類が決定される。このように超弦理論を用いて構成された模型は「ランドスケープ」に属する。一方，右図灰色の領域は超弦理論では実現できない模型の集合「沼地」を表す。実験で選ばれる模型がランドスケープと沼地のどちらに属するかを調べることで超弦理論の実験的検証が可能になる。

素粒子論·宇宙論における重要課題である。とくに，超弦理論の立場からは「どのような理論模型が超弦理論で典型的に実現されるか？」という問題意識で模型構築がなされてきた。たとえば，超弦理論にはさまざまな質量をもった擬スカラー場「アクシオン」が現れ，その質量に応じて暗黒物質やインフラトン（インフレーションを引き起こす場）の役割を果たすことが知られている。そのため「ブレーンの配位」や「余剰次元のかたち」を変えたときに実現される「アクシオンの質量や崩壊係数の値」が精力的に調べられてきた。より一般に「超弦理論で実現可能な模型・パラメーター領域」は「ランドスケープ」とよばれている。

沼地：超弦理論で実現できない模型

ランドスケープの解析を進めるうちに，超弦理論では実現できない模型・パラメーター領域が存在することが明らかになってきた。たとえば崩壊係数fがプランク質量$M_{\rm Pl}$より大きなアクシオンを含む模型は実現困難なことが経験的に知られている[3)]。通常の模型構築では崩壊係数fは任意の値をとれると考えられてきたが，「超弦理論では禁止されるパラメーター領域が存在する」と解釈できる。このように超弦理論で実現できない模型・パラメーター領域は，「一見するとランドスケープ（陸地）にみえるが，よく調べるとじつは危ない」

という意味を込めて「沼地」(swampland) とよばれている[4] (〈図1〉右)。

■沼地予想：ランドスケープと沼地の判別条件

以上を踏まえると，理想的にはつぎのように超弦理論の実験的検証が可能になる。①暗黒物質やインフレーションの理論模型を「超弦理論で実現可能な模型(ランドスケープ)」と「実現できない模型（沼地)」に分類，②実験・観測結果を用いて理論模型を選定，③選ばれた模型がランドスケープに属していれば超弦理論は正しく，逆に沼地に属していれば超弦理論は実験的に否定される。このような期待のもと，ランドスケープと沼地の判別条件の解明に向けた研究が近年盛んになされている。これまでにさまざまな判別条件が提案されており，総称して「沼地予想」とよばれている。本項の残りでは沼地予想のなかでも比較的よく理解されている「弱い重力予想」とその素粒子論・宇宙論への応用を紹介したい。

■弱い重力予想

弱い重力予想はその名のとおり「すべての相互作用のなかで重力が一番弱い」という予想である[1]。より具体的には，たとえばクーロン力に対して不等式

$$kq^2 > Gm^2 \tag{1}$$

を満たす質量m，電荷qの状態が存在することを予言する（kとGはクーロン定数と万有引力定数)。この不等式は「質量m，電荷qの２つの物体間に働く重力がクーロン力よりも弱い」ことを意味している。不等式(1)を満たす状態を含まない理論は超弦理論で実現できない，つまり沼地に属するという主張である。弱い重力予想はもともと「どのようなブレーンの配位，余剰次元のかたちに対しても (1) を満たす状態が現れる」という経験則に基づいて提案された。しかし近年では，因果律やユニタリー性，ホログラフィー原理などの基本原理を用いた証明が自然な仮定のもとで与えられている[5)～7)]。

また，先に述べた「アクシオン」が媒介する相互作用に対しても弱い重力予想から従う不等式

$$f < \frac{M_{\mathrm{Pl}}}{S} \qquad (2)$$

が提案されている。ただし，Sはインスタントンの作用とよばれる量で典型的に$S > 1$である。「崩壊係数$f > M_{\mathrm{Pl}}$をもつアクシオンは超弦理論で実現困難」という事実も，「重力が弱いこと」を示す不等式(2)から自然と従うことがわかる。

■ 素粒子論・宇宙論への応用

最後に弱い重力予想の現象論的帰結を議論しよう。まず，弱い重力予想を量子電磁気学に応用しよう。自然単位系を用いると，電子に対しては不等式(1)の左辺が10^{-2}，右辺が10^{-44}程度であるため，不等式が自明に成り立っていることがわかる。弱い重力予想は現象論的に役に立たないのだろうか？

じつは，アクシオンに対する弱い重力予想(2)が，宇宙論的におもしろいことが知られている。たとえば質量$m = 10^{-22}$ eV程度の非常に軽いアクシオンはド・ブロイ波長が1 kpc程度であり，銀河スケールでのふるまいがよい暗黒物質（fuzzy dark matter，FDM）として期待されている。その一方で，アクシオンが暗黒物質の主成分だと仮定すると，弱い重力予想(2)から典型的に$m > 10^{-19}$ eVが予言される[8)]。つまり，アクシオンを用いたFDM模型が今後の暗黒物質探索で支持されると，超弦理論は危機的状況に直面する。そのほかにも，インフラトンがアクシオンな場合には「宇宙背景放射の温度ゆらぎスペクトルに振動パターンが生じること」が弱い重力予想から予言されており，このシグナルも今後の宇宙観測のターゲットとなっている。

このように超弦理論の実験的検証に向けた試みとして「沼地予想」に関する研究が近年盛んに行われている。最近では本稿で紹介した「弱い重力予想」のほかにもニュートリノの質量や加速膨張宇宙に関する議論が活発に行われている。興味のある読者はレビュー論文[9)]などを参照していただきたい。今後のさらなる発展に乞うご期待！

参考文献
1）N. Arkani-Hamed *et al*.: J. High Energy Phys. **706**, 060 (2007).
2）L. E. Ibanez, F. Marchesano and R. Rabadan: J. High Energy Phys. **111**, 002 (2001).
3）T. Banks *et al*.: Astropart. Phys. **306**, 001 (2003).
4）C. Vafa: arXiv:hep-th/0509212.
5）Y. Hamada, T. Noumi and G. Shiu: Phys. Rev. Lett. **123**, 051601 (2019).
6）M. Montero: J. High Energy Phys. **1903**, 157 (2019).
7）A. M. Charles: arXiv:1906.07734.
8）A. Hebecker, T. Mikhail and P. Soler: Front. Astron. Space Sci. **5**, 35 (2018).
9）E. Palti: Fortsch. Phys. **67**, 1900037 (2019).

銀河系外ニュートリノの観測

石原安野

■高エネルギー宇宙ニュートリノ

「高エネルギーニュートリノがたくさん宇宙を飛び交っている！」ということが実験的に証明されたのは2012年から2013年にかけてのことであった。巨大な水タンクと光電子増倍管による水チェレンコフ・ニュートリノ観測手法が核子崩壊実験の副産物として，カミオカンデ（Kamiokande）実験やアーバイン-ミシガン-ブルックヘブン（Irvine-Michigan-Brookhaven, IMB）実験により1980年代後半にはすでに確立していたことを考えると，そしてまた，それらの実験が太陽系外からのニュートリノ，つまり超新星爆発1987Aからのニュートリノを1987年にすでにとらえていたことを考えると，同様の測定原理の実験がつぎの宇宙ニュートリノを観測するまでにかかる時間としては，そこから25年というのはいかにも長いと思われるかもしれない。

地球には，高エネルギーの原子核（宇宙線）と大気との衝突から生成される大気ニュートリノが絶え間なく降り注いでいる。この大気ニュートリノの量はとても多く，そのエネルギーも広範囲にわたるため，地球で宇宙ニュートリノ観測をめざす者にとっては巨大な障壁となってきた。宇宙ニュートリノが地球にたどり着き，水タンクにその軌跡を残していたとしても，その信号は数で勝る大気ニュートリノの信号によって覆い隠されてしまうからである。このため，宇宙ニュートリノの観測には，宇宙ニュートリノ信号が大気ニュートリノ信号を卓越する領域でなくてはいけないという条件が課される。超新星ニュートリノのように短時間に非常に多くのニュートリノが放射されるような例外を除けば，この条件を満たす宇宙ニュートリノ観測可能エネルギーは，大気ニュートリノと宇宙線の測定から，前回観測された超新星ニュートリノエネルギーの少なくとも100万倍といった領域であるということが推測できる。流量の少ないこのようなエネルギー領域のニュートリノの測定には，スーパーカミオカンデ実験の約2万倍の水タンクが必要である。地球上でそのようなタンクを人工的につくることはほぼ不可能であるが，宇宙ニュートリノを初めて観測したIceCube実験は南極の氷河を巨大タンクとして使うことで宇宙ニュートリノの観測を可能とした。IceCubeが新たに宇宙に開いた窓はエネルギー領域で約50 TeVから数PeVである。そして今後はさらに高いエネルギーでのニュートリノの観測をめざしている。

■ 発生源はどこか？

その初観測以来，宇宙ニュートリノが一体どこでつくられ，われわれの地球まで飛んできているのかについて，多くの議論が交わされてきた。宇宙ニュートリノ生成モデルのうち，ガンマ線爆発モニターで観測されるような比較的一般的なガンマ線爆発による生成モデルには，ニュートリノの到来方向・時間とガンマ線爆発に関係性がみえないことから早い段階で強い制限がついた。また，宇宙のある一定の方向からより多くのニュートリノが到来する現象（ニュートリノ点源）の探査からは，1つひとつの天体が放出できるニュートリノの量に制限がつき，現状のIceCubeの感度では定常的にニュートリノを放出しているような天体を検出することが難しいということも徐々にわかってきた。しかし，その天体が定常的にではなく時間的にニュートリノの流量を大きく変化させているという場合，話は違ってくる。これは高エネルギーのガンマ線を放つ天体の多くがフレアや高輝度フェーズといった時間変動をもっていることからも自然な仮説である。ニュートリノは宇宙線陽子・原子核がその起源天体でつくられたのち，その宇宙線が天体内外の光子場やガスなどの物質と相互作用し，そこでつくられる荷電パイオンなどの崩壊によって生成される。このとき荷電パイオンの兄弟としてつくられる中性パイオンの崩壊からはガンマ線がつくられる。つまりガンマ線望遠鏡によって観測されているガンマ線の少なくとも一部が中性パイオン起源であれば，その輝度はニュートリノ生成量と相関をもつ。

■ マルチメッセンジャー観測

宇宙から届く電磁波は，ガンマ線，X線，可視光から電波までと広い波長（エネルギー）範囲に広がっており，それぞれの波長帯では天体現象の異なる側面がみえる。異なる波長の情報から1つの天体現象を多面的に解明することを多波長観測という。これに対し，電磁波情報に加え，ニュートリノ，重力波，宇宙線といった電磁波以外の観測も含め理解を進めていくのがマルチメッセンジャー（多手段）観測である。ニュートリノはほかの粒子と相互作用をする確率がきわめて小さい素粒子である。そのため相互作用の確率が上がる高エネルギーにおいても非常に遠方の宇宙や，天体の内部からでも，生成時のエネルギー情報を失わずに伝搬する。つまりニュートリノは，天体の放射のうちもっとも高エネルギー領域の情報を電磁波よりも直接的に伝えることができるのである。また，高エネルギーの光をつくる機構は1つではないため，その生成機構の特定には大きな不定性がともなう。対するニュートリノ発生機構は原子核と光子場・物質の衝突と決まっている。そのため，より不定性の少ない高エネルギーニュートリノ放射機構モデルの構築が可能である。マルチメッセンジャー観測では，ニュートリノのもつ高エネルギー放射情報と電磁波のもつ詳細な角度・エネルギー分布といった情報を組み合わせることで，より多面的に天体の放射機構を理解することができるのである。

高エネルギーニュートリノ候補事象を南極点のコンピューターで即時解析し，その情報を世界中の望遠鏡に速報として送り，ニュートリノ到来方向・時刻とその輝度に相関をもつ天体を探査するプロジェクトを2016年4月から開始した。

日本時間の2017年9月23日早朝に，少なくとも290 TeV以上というエネルギーのニュートリノ事象が観測された。この検出の43秒後には速報として情報が送られ，世界各地の望遠鏡による追観測が行われた。それまでの追解析と大きく違う点は，ニュートリノ到来方向・時間に，幅広いエネルギー帯で輝度を増大させているブレーザー天体TXS 0506＋056があったという点だ。ブレーザーは巨大ブラックホールをその中心に抱える活動銀河核とよばれる天体の一種である。活動銀河核の一部にはジェットとよばれる高エネルギーの粒子の流れが存在することが知られているが，そのうちジェットの方向がわれわれ観測者の方向を向いているものがブレーザーであると考えられている。輝度の時間変動が大きいこともその特徴の1つである。

〈図1〉から，ニュートリノ放出時，このブレーザーが高エネルギーガンマ線の領域までその輝度を上げていたことがわかる。われわれは世界で初めて高

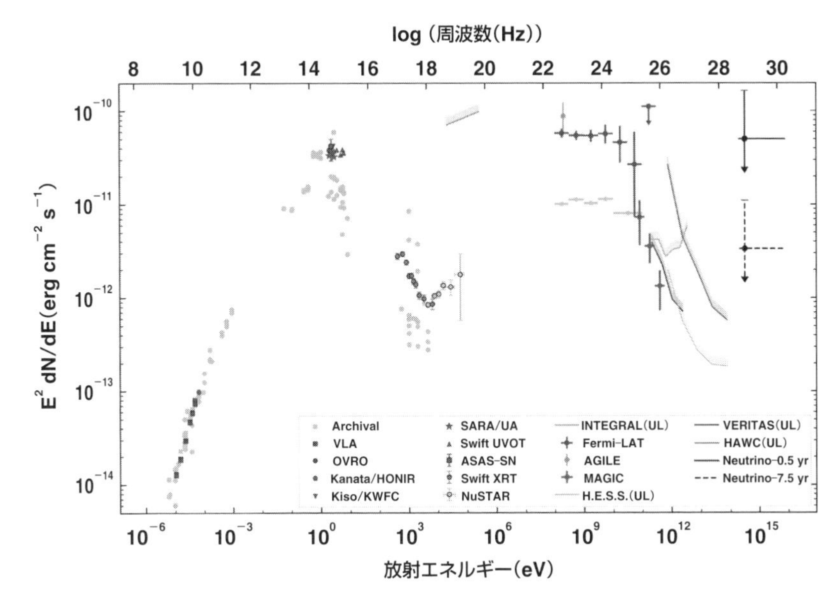

〈図1〉マルチメッセンジャー観測によって取得されたブレーザー天体TXS 0506＋056からの放射エネルギー分布[1)]

電波からガンマ線まで約17桁にわたるエネルギー領域で測定された。ニュートリノ流量の上限値は黒線で示す。灰色で示される点は高輝度フェーズに入っていない状態の天体のスペクトルを表す。ニュートリノがもっとも高エネルギーの情報を担っていることがわかる。

エネルギーニュートリノ信号を含めたマルチメッセンジャー観測に成功したのである。

■その後の展開

このマルチメッセンジャー観測から，ブレーザー天体が宇宙ニュートリノの一部を生成していることが観測的に確かめられた。さらに，この天体の方向から飛来するニュートリノのデータを追解析したところ，この天体は2014年から2015年にかけても多くのニュートリノを放出していることがわかった。今後の課題の1つはこれらのマルチメッセンジャーデータを組み合わせ，パズルを解くように，天体内外でのニュートリノ，電磁波，そして宇宙線の発生機構を解明していくことである。ブレーザーから放出されるジェットのなかにある電子が磁場によって曲げられるときに発するシンクロトロン放射とやはりジェットのなかで加速された宇宙線が衝突し，そこでニュートリノがつくられるというのが，スタンダードなニュートリノ生成モデルと考えられていた。今回のニュートリノの追観測からの広波長帯電磁波観測は，このような生成機構だけでは観測と矛盾のない量のニュートリノはできないことを示す。ブレーザーでニュートリノをつくるには，ジェットの構造やジェットのまわりの光子場までを考慮に入れた計算をする必要がある。

もう1つの課題は，宇宙ニュートリノ量のどの程度をブレーザーで説明できるのか，また残りの宇宙ニュートリノはどこでつくられているのか，という点である。これまでの観測から，フェルミガンマ線望遠鏡で観測されているようなブレーザーでは宇宙ニュートリノのうち多くても1割程度しか説明できないことがわかっている。われわれがいまだ考慮に入れていないブレーザーの特徴によってより効率的にニュートリノをつくる可能性もあるが，宇宙観測には明るく，近い天体から観測が進められるというバイアスがある。そのようなバイアスを考慮し，ブレーザー以外のモデルの精査も進めていかなければならない。より詳細なモデルの検証や宇宙ニュートリノ大部分をつくる天体の発見，このためには何といってもより多くの事象や天体の，ニュートリノを含むマルチメッセンジャー観測が必須である。目下，IceCube検出器の精度向上をめざすIceCubeアップグレード計画による到来方向の高精度化，ニュートリノ速報およびその追観測の効率化，IceCubeの8倍の容量をもつ次世代ニュートリノ望遠鏡の開発といった検出側の機能向上とモデルの精査を両輪に，マルチメッセンジャー手法による系外ニュートリノ天体の解明が精力的に進められている。

参考文献

1）IceCube Collaboration *et al.*: Science **361**, eaat1378 (2018).

物質優勢宇宙のなぞと格子量子色力学

大木　洋

■物質優勢宇宙とCP対称性の破れ

宇宙がビッグバンによって誕生したとき，粒子と反粒子は等しく存在していたと考えられる。しかし現在の宇宙は物質によって構成されており，反物質は宇宙の進化の過程で消えてしまった。なぜ物質と反物質のあいだに非対称性が生じ現在の物質優勢宇宙が生まれたのか？　このなぞは素粒子・宇宙物理の大きな未解決問題であるが，物質優勢宇宙となるための必要条件はサハロフ(Sakharov)の3条件[1)]として知られ，その1つの鍵がCP対称性の破れにある。

Cは粒子と反粒子を入れ替える変換，Pは鏡映（parity）変換を表し，CP対称性に破れが生じると，粒子と反粒子の反応数に違いが生じ，その結果，粒子のみが生き残ることが起こり得る。素粒子の標準模型の枠内でもCP対称性の破れが存在することは小林-益川理論により知られているが，その効果はきわめて小さい。現在の物質優勢宇宙を説明するには未知の（大きな）CP対称性の破れが存在するはずで，それを探索する実験が行われており，その1つが電気双極子能率（electric dipole moment, EDM）である。

EDMとは電荷の分極を表す量であり，核子ψにEDMが存在すると電場ベクトル$\boldsymbol{E}$とスピン相互作用$d_n\bar{\psi}\boldsymbol{\sigma}\cdot\boldsymbol{E}\psi$をもつ。CP変換でスピンは不変だが電場$\boldsymbol{E}$は反転（CP-odd）するため，EDMの存在（$d_n \neq 0$）はCP対称性の破れを意味する。現在までにEDMは検出されておらず，その上限値は中性子の場合3×10^{-26} ecmであり[2)]，標準模型を超えた新物理から期待される値に迫っている。現在，超冷中性子（ultra-cold neutron）などを用いたより高感度の実験がいくつか計画されており，今後数年でEDMが発見される可能性がある。

■核子EDMの理論計算

実験の進展にともない，理論的予測がより重要となっているが，陽子や中性子などの核子EDMの計算には，量子色力学（quantum chromodynamics, QCD）に基づく計算が重要である。QCDを定量的に調べる方法として格子QCDがあり，これは格子状に分割した時空点上のクォーク-グルーオン場の経路積分により定式化される。これをモンテカルロ積分することで，QCDの第1原理計算が可能となる。これまでにもっともよく調べられてきたのが核子のθ-EDMとよばれる量であり，これはθ-真空とよばれる非自明な真空解に起因するトポロジカルなゆらぎが及ぼすEDMのことである。動的なクォークを含む格子QCDによるθ-EDMの計算が2005年に始まり[3]，以後，より小さいクォーク質量，大きな体積の現実世界に近いシミュレーションが可能となっている。

核子θ-EDMの基本的な計算方法は，核子とトポロジカル電荷Q，電磁カレントとの相関からCP-oddな形状因子（F_3）を計算する方法である。その運動量ゼロ極限から核子EDMが得られる。こうして得られた結果は既存のカイラル摂動論などの現象論的モデル計算と比較され，モデル計算の結果は$F_3 \sim O(10^{-3} \sim 10^{-2})\theta$であり，先行研究の格子計算は比較的重たいクォーク質量ではあるが$F_3 \sim O(10^{-1})\theta$であった。このように両者はオーダーの異なる結果であるにもかかわらず，その原因はあまり理解されていなかった。

ところが最近筆者らの研究[4]によって，従来のF_3形状因子の計算公式にはCP対称性の破れにともなう余分な混合項があることがわかった。つまりEDMを正しく評価するにはその余分な混合項をとり除く必要がある。先行研究の数値にこの補正を行った結果，その絶対値が小さくなることが明らかになった〈図1〉。

これにより格子計算とモデル計算との大きな差異が解消される可能性がある一方，格子計算の精度では不十分（誤差がほぼ100%）であることもわかり，これは現実世界に近いシミュレーションを行ううえで大きな問題となり得る。なぜならθ-EDMはクォーク質量がゼロで消失することが対称性から厳密にわかり，またトポロジカル電荷Qの性質（$\delta Q^2 \sim \langle Q^2 \rangle \propto V_4$）よりその不定性は体積に比例するため，より小さいクォーク質量，大きな体積ではF_3のシグナルが弱まり誤差は増大するからである。そのためEDMの定量的な理論予測には，

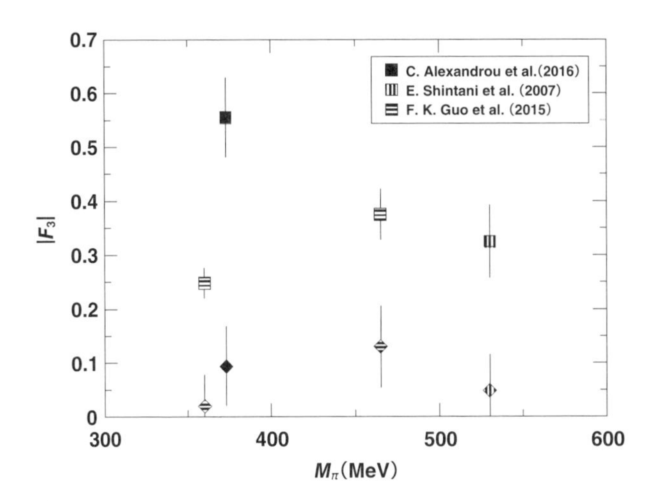

〈図1〉2017年以前の先行研究グループによる格子QCDを用いた中性子 θ-EDM（F_3形状因子）の計算結果
四角は原論文で得られた値を表し，ひし形は余分な混合項をとり除いた補正後の値を表す。補正前に比べて補正後の値が小さくなり，おおむね2 σの範囲内でゼロと整合する結果となる。

解析手法のさらなる改良が必要であることがわかってきた。

■トポロジカル電荷密度と背景電場中の格子QCD

そこで最近では，トポロジカル電荷Qそのものではなく，トポロジカル電荷密度を考え，その核子や電磁カレントとの位置の相関を考えることで理解しようとする試み[5)]がある。仮にEDMに大きく寄与する時空間にトポロジカル電荷密度を制限することができれば，遠方の大きなノイズを抑制できるかもしれない。実際，この試みにより統計誤差をある程度削減することに成功している[6)]が，トポロジカル電荷密度を有限時空に制限することによる新たな系統誤差が生じるため，さらなる改善が必要であろう。

そこで，より系統的な方法として最近筆者らが提唱したのが，背景電場中の核子行列要素を用いる方法である。これは通常の格子QCDとは異なり，電場や磁場に相当するU(1)位相を付加したゲージ場を考えることで，背景電磁場中のQCDシミュレーションを可能とするものである。そこにCP-oddな相互作用が加われば，核子のエネルギーに電場の1次に比例する変位が生じ，それがEDMに相当する。

この外部電場によるエネルギー変位は，形状因子法に代わる手法としてすでに知られていたが，今回新たにわかってきたことは，背景場を摂動的に扱うことで，核子の状態が変形される効果を電場の1次の摂動として考えられる点にある。その結果，核子のエネルギー変位は，その変形された核子の基底状態とCP-odd演算子との行列要素で与えられることがわかり，核子から十分離れた位置の寄与は無視できると考えられる。つまりトポロジカル電荷のゆらぎを抑制し系統的にも扱いやすい手法となり得るのである。この新しい行列要素を用いた手法は，まだ準備段階の結果[7)]しかないが，近い将来，現実的クォーク質量においても核子θ-EDMの精密な測定ができるかもしれない。

■これからの課題と展望

格子QCDの解析法や計算機の進展により，核子EDMのような複雑な物理量が第1原理から計算できるようになってきている。今後の課題としては，θ-EDMの現実的クォーク質量での精密決定に加え，より複雑なカラーEDMやワインバーグ演算子，外部背景場などを用いた核子構造計算への応用が考えられており，今後もさらなる進展が期待される。これらの計算では実験との比較に十分な精度が得られているとはいえないが，格子理論がQCDそのものの理解に加え，宇宙の起源のなぞ解明や素粒子新物理模型の検証につながる広範な分野へ貢献できるようになっているといえるだろう。

参考文献

1）A. D. Sakharov: Pisma Zh. Eksp. Teor. Fiz. **5**, 32（1967）.
2）J. M. Pendlebury *et al*.: Phys. Rev. D **92**, 092003（2015）.
3）E. Shintani *et al*.: Phys. Rev. D **72**, 014504（2005）.
4）M. Abramczyk *et al*.: Phys. Rev. D **96**, 014501（2017）.
5）E. Shintani *et al*.: Phys. Rev. D **93**, 094503（2016）.
6）J. Dragos *et al*.: arXiv:1902.03254.
7）H. Ohki: Talk at The 7th International Symposium on Lattice Field Theory（Lattice 2019）, Wuhan, China, June 17（2019）：https://indico.cern.ch/event/764552/

原子核物理

●2重魔法性とその破れ：
　ニッケル78のガンマ線分光が解明した閉殻性

●電子でつくって探る“奇妙な”原子核：
　最強電子線施設JLabにおけるハイパー核電磁生成分光

●中性子過剰の果てにある境界：中性子ドリップライン

2重魔法性とその破れ：ニッケル78のガンマ線分光が解明した閉殻性

谷内　稜，櫻井博儀

原子核物理研究において，中性子が陽子に比べて多い中性子過剰原子核の安定性を示す閉殻性が急速に変化（殻進化）する機構を理解することは重要な研究テーマの1つである。われわれは，中性子がきわめて多い2重閉殻（2重魔法数）原子核であるニッケル78（^{78}Ni，陽子数28，中性子数50）の閉殻性を探るべく，世界に先駆けて励起準位測定実験を成功させた。

元素における化学的性質の規則性，つまり周期律がメンデレーエフ（Mendeleev）によって示されてから，2019年でちょうど150年になる。ヘリウム，ネオン，アルゴンをはじめとした，周期表の18族に位置する貴ガス元素は原子を構成する電子数がちょうど閉殻構造をとるため，化学的に安定な性質をもつことが知られている。原子の中心に位置する原子核においても，原子核を構成する陽子および中性子数がある特定の数をもつとき，閉殻構造をとり，原子核の安定性が増すことが知られている。

原子核を構成する陽子，中性子が，電子軌道と同様に閉殻構造をもつことは量子力学の基本的な性質である。原子核が閉殻構造となり周辺の原子核よりも安定となる陽子数，または中性子数は魔法数（magic number）とよばれている。原子核の魔法数は電子軌道の場合と異なり，2，8，20，28，50，82，…であることが知られるが，これはメイヤー（M. G. Mayer）やイェンゼン（J. H. D. Jensen）らによりスピン軌道相互作用の効果を組み込むことで正しく理論的に記述された[1)]（1963年ノーベル物理学賞受賞）。核子が閉殻構造をとる場合，周辺の同位体より安定化し，具体的には分離エネルギーが大きく（壊れにくく）なる，第一励起エネルギーが高くなるなどの現象が現れる。とくに陽子数，中性子数がともに魔法数となる原子核を2重魔法数核とよび，その閉殻性ゆえに励起エネルギーが顕著に高くなることが知られている。これまで3000種以上の同位体が生成，同定されてきたが，このうち2重魔法数核は10種程度のみである。

近年になり加速器を用いて，中性子数が陽子数に比べて多い，アンバランスできわめて不安定な原子核を人工的に生成してくわしく研究できるようになると，それまで不変だと考えられていた魔法数は，むしろ陽子中性子数比に応じて変化することが知られるようになった。中性子過剰な原子核において従来の魔法数が失われたり，新たな魔法数が登場したりする現象がつぎつぎと発見されるようになり，これらの実験的研究は魔法数が変化する殻進化の現象のメカニズムを解明するために重要な役割を果たすようになった。

〈図1〉は現在実験的に知られている原子核の（2^+準位）励起エネルギーを核図表上にプロットした図である。陽子数，中性子数ともに偶数となる偶々核の第一励起状態はほとんど2^+であることが知られている。閉殻（球形）の原子核には振動状態が数MeVの高エネルギー（1 MeV＝100万電子ボルト）に，閉殻から離れた変形した原子核には回転状態が0.1 MeV程度まで低く現れる。原子核が魔法数をもつとき，原子核を励起させるために必要なエネルギーが高くなり，とくに^{132}Sn，^{208}Pbなどの2重魔法数核においてエネルギーが顕著に高いことがわかる。質量数が軽い領域では，^{16}O，^{40}Ca，^{48}Caなどが高い励起エネルギーを示す一方で，新たな2重魔法数核^{52}Ca，^{54}Caの出現や，中性子魔法数20の消失などが実験的に相次いで発見され，殻進化が強く出現する領域であることが知られている。

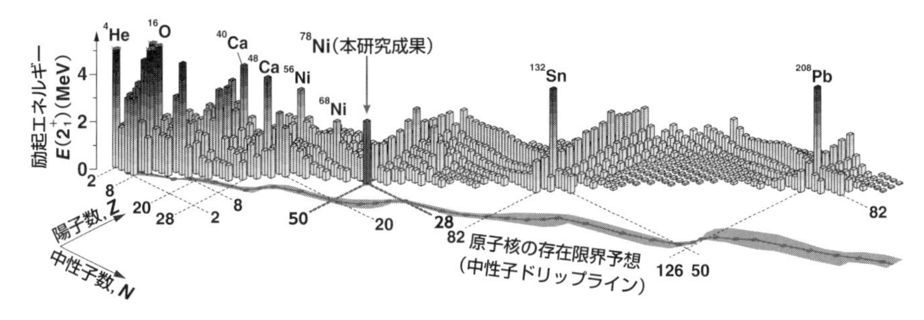

〈図1〉核図表における γ 線励起エネルギー分布
現在実験的に測定されている原子核の励起エネルギー（2^+準位）を陽子数中性子数の2次元平面に図示したものである。魔法数原子核における高い励起エネルギーが顕著にみられる。

今回，研究対象とした^{78}Niは陽子数28，中性子数50のきわめて中性子過剰で，中性子ドリップライン（原子核の存在限界）にもっとも近い2重魔法数核であると考えられている。同時に，殻進化により閉殻性が弱まる傾向も示唆されており，長年その性質が注目されてきた。^{78}Niの励起準位エネルギーの測定は，閉殻性がこの中性子過剰な2重魔法数核でも維持されているかを決定づける直接的証拠となる。この目的を達成するため，埼玉県の理化学研究所にある，世界で最高強度で（＝大量の）不安定原子核を生成する能力を有するRIビームファクトリー（RI Beam Factory, RIBF）において実験プロジェクトが遂行された。光速の70％近くまで加速された^{238}Uビームの飛行核分裂反応によって生成された^{79}Cu，^{80}Zn原子核（^{78}Niと同じ中性子数で，陽子数が多い）から，さらに陽子ノックアウト反応を引き起こすことで^{78}Niの励起状態をつくり出した。本研究では，効率的に反応を起こし，かつ高い精度（分解能）で励起準位を観測するために，高性能液体水素標的システム（Magic Numbers Off Stability, MINOS）をフランスにある原子力・代替エネルギー庁（Commissariat à l'énergie atomique, CEA）サクレー研究所との共同研究により新たに開発した。この結果，測定に必要な量の励起状態が生成され，基底状態に遷移するさいに放出される脱励起γ線のエネルギーを，理化学研究所が保有するγ線検出器DALI-2（Detector Array for Low Intensity radiation-2）を用いて同時測定し，世界初のγ線分光を達成した[2),3)]。

観測された^{78}Niの2.6 MeVという励起エネルギーは，中性子過剰領域においても2重魔法性が健在であることの強い証拠となった。〈図1〉に示されるように^{78}Niの励起エネルギーが^{56}Niやほかの2重魔法数核同様に高いことが確認された。複数の理論的な予測値とも合致し，長年の議論に終止符が打たれるかと期待されたが，さらなる実験データの解析を続けると，^{78}Niは2重魔法性と別の，もう1つの側面をもつ原子核であることが示唆される結果となった。第一2^+励起状態のすぐ近くの2.9 MeVにもう1つの励起状態が存在することが観測されたのである。この発見は^{78}Ni原子核において，2重魔法数核に典型的に現れる「球形」の構造に加えて「ラグビーボール状に変形した」励起状態が発現し，量子力学的に複数の変形状態が共存することを示唆している。

われわれは，この変形共存現象をさらに詳細に理解するために，理化学研究所が保有する「京」をはじめとした，複数のスーパーコンピューターによる最先端の大規模理論計算を用い，^{78}Ni原子核の励起状態を検証した。そのうち2つのグループが行った計算において，変形共存現象を再現することが達成されたが，その副産物として，^{78}Niを起点としてさらに中性子が多い（もしくは陽子が少ない）領域で魔法性が急速に失われることが予測された。これは原子核の内部構造における殻進化を理解するうえで重要であるのみならず，中性子過剰な原子核の性質が重要な役割を果たす，宇宙における重元素合成過程（r過程）への理解にも重要となると考えられている。

中性子過剰な2重魔法数核である^{78}Ni原子核の励起エネルギーの世界初測定を成し遂げた本研究は，その原子核の2重魔法性の証拠とともに，さらに中性子陽子数比が大きな同位体に発現する魔法数の破れの示唆につながった。今後は^{78}Niを対象としたより詳細な測定や，さらに中性子が多い^{79}Ni，^{80}Ni，陽子数が少ない^{77}Co，^{76}Feなどの原子核を対象とした実験的研究を進め，原子核という2種類の核子が相関した量子多体系に特異に現れる多様な現象の理解を深めていきたい。

参考文献

1）M. G. Mayer: Phys. Rev. **75**, 1969 (1949); O. Haxel, J. H. D. Jensen and H. E. Suess: Phys. Rev. **75**, 1766 (1949).
2）R. Taniuchi *et al.*: Nature **569**, 53 (2019).
3）理化学研究所プレスリリース：https://www.riken.jp/press/2019/20190502_1/

電子でつくって探る“奇妙な”原子核：最強電子線施設JLabにおけるハイパー核電磁生成分光

中村　哲

■ストレンジクォークで探る原子核深部

われわれのまわりの物質はすべて原子から形づくられ，原子は電子と原子核から構成される。原子の質量の99.97 %以上を担う原子核は原子の10万分の1程度の大きさ（数フェムトメートル，1 fm = 10^{-15} m）しかない。身のまわりのすべてのもののなかに原子核という 2×10^{14} g/cm^3 もの超高密度物質が多数存在している。

原子核という高密度物質の深部がどうなっているのか調べたいが，原子核を構成する核子は複数の同種粒子が同じ量子状態をとれないフェルミオンであり，核子で満ちている原子核深部にさらに核子を追加して詰め込むことはできない。また，核子を抜き出して「空孔」のふるまいを調べようとしても，そのような「空孔」の寿命はきわめて短く，エネルギー幅の細い状態として観測することはできない[*1]。

そこで，核子に似ているが異なる“奇妙（ストレンジ）”な粒子を用いる。核子は3つのクォークから構成されており，陽子は2つのアップ（u）と1つのダウン（d），中性子は2つのdと1つのuから構成されている。つまり，われわれのまわりの物体はすべてu，dクォークと電子から構成されている。しかし，クォークにはu，d以外にもチャーム（c），ストレンジ（s），トップ（t），ボトム（b）が存在し，u，d以外のクォークを含んだ物質が存在してもよい。これらのなかでもsクォークはu，dより若干重いが，SU(3) 対称性のもとで統一的に扱うことができる程度には軽い。sクォークを含むクォーク3個の束縛

＊1　原子核反応の時間スケールは$\tau=10^{-24}\sim10^{-22}$ sであり，エネルギー幅に換算すると$\hbar/\tau$は数十MeVにもなる。

系はハイペロンとよばれ，陽子・中性子とともに原子核を形づくることができる。これがハイパー核である。一番軽いハイペロンはu，d，sが1つずつ含まれるラムダ（Λ）粒子であり，質量は1116 MeV/c^2と核子（質量 約940 MeV/c^2）よりは若干重く，寿命は260 ps（100億分の2.6秒）程度と短い。この寿命はわれわれの時間スケールからみれば非常に短いが，原子核反応の時間スケールからみれば十分に長く，Λ粒子が原子核に束縛されることでエネルギー幅の細い状態として分光が可能である。また，Λ粒子は核子と同様にフェルミオンではあるが，核子とは違う粒子なので原子核深部に束縛されることが可能であり，原子核深部を探るプローブとして，またu，dクォークの世界でモデル化された核力をsクォークを含むように一般化するうえでも重要な役目を果たす。

■ラムダハイパー核電磁生成分光法

従来，ハイパー核はK^-，π^+といった中間子ビームを用いて研究が進められてきた。21世紀に入り，米国のトーマス・ジェファーソン国立加速器研究所（Thomas Jefferson National Accelerator Facility，JLab）において，東北大学を中心とする国際共同研究グループは（e, e′K^+）反応分光法を創始した。この反応では，電子散乱に起因する仮想光子が陽子と反応して，s, $\bar{s}$クォークが対生成され，sクォークをとり込んだ陽子はΛになり，$\bar{s}$はK^+中間子として核外に放出される。このとき入射電子のエネルギー，放出される粒子（散乱電子e′，K^+中間子）の運動量を正確に測定し，エネルギー-運動量保存則を用いると，生成されたハイパー核を直接観測せずとも，その質量が求まる。K^-，π^+中間子ビームを使い中性子をΛに変換する従来の手法に対し，（e, e′K^+）反応は陽子をΛに変換するので，同じ標的を用いても新種のハイパー核が調べられる。また，陽子標的を用いて素過程$e^- + p \to e' + K^+ + \Lambda(\Sigma^0)$反応を観測し，既知のΛ，$\Sigma^0$質量と測定結果を比べることで，質量を正確に校正できる[*2]。

さらに，高品質，高強度の電子線を使うことにより中間子ビームを用いる実験と比較して，高分解能分光が可能である[*3]。JLabでは毎秒6.25×10^{14}個もの電子が得られ，薄い標的（0.1 g/cm^2）を使っても十分なハイパー核収量が

＊2　水素として容易に得られる陽子標的と異なり，（静止した）中性子標的は存在しないため，$K^- + n \to \pi^- + \Lambda$，$\pi^+ + n \to K^+ + \Lambda$ 反応分光実験では中性子からハイペロンを生成して質量を校正する手法は使えない。

期待できる。これほどの強度の電子を1粒子ごとに測定することは実験技術的に不可能だが，ビームの大きさは$\sigma\sim100\,\mu$m，運動量は$\Delta p/p\sim1\times10^{-4}$以下の高精度で決まっているので，そもそも位置，運動量を1粒子ごとに測定する必要がない。電子ビームの運動量分解能，標的内の運動量損失のゆらぎ，散乱電子，K^+中間子の運動量分解能がバランスするように実験をデザインすることで，高精度のハイパー核反応分光が可能になる。

一方，$(e, e'K^+)$反応には，強力な電子ビームのとり扱いの難しさ，大量の電子バックグラウンド，小さなハイパー核生成断面積など，実験的困難も多い。たとえば，JLabで得られる，強度100 μA，広がり$\sigma\sim100\,\mu$m，エネルギー2.5 GeVの電子ビームの平均エネルギー密度は約540 MW/cm^{2}で，太陽の表面エネルギー密度0.006 MW/cm^{2}より桁違いに大きい。このように強力なビームが不用意にビームパイプを横切れば一瞬で穴を開けて真空が漏れてしまう。安全なビーム輸送，標的冷却系の設計がきわめて重要である。

これらの実験的困難を乗り越え[1)]，$^{7}_{\Lambda}$He，$^{9}_{\Lambda}$Li，$^{10}_{\Lambda}$Be，$^{12}_{\Lambda}$B，$^{16}_{\Lambda}$NといったΛハイパー核精密分光に成功した[2)〜8)]。既知の$^{7}_{\Lambda}$Li，$^{9}_{\Lambda}$Be，$^{10}_{\Lambda}$B，$^{12}_{\Lambda}$C，$^{16}_{\Lambda}$Oの陽子を中性子に入れ替えたΛハイパー核を系統的に観測したことになる。通常の原子核ではよい精度で成り立つ荷電対称性（p-p, n-n間に働く核力に差がないこと）がΛ-pとΛ-nのあいだで破れていることに関する新たな知見や，本手法により正確に校正された実験データと他手法により測定されたデータを詳細に比較することにより，π^+中間子を用いて測定された数多くのハイパー核の束縛エネルギーに約0.5 MeVの修正が必要であることを明らかにするなど，重要な成果が得られている。

〈図1〉は$^{12}_{\Lambda}$BハイパーのΛ粒子束縛エネルギー*4を横軸，生成された数を縦軸にとったグラフである。^{11}Bの一番安定な状態にΛ粒子が軌道角運動量ゼ

*3　中間子ビームは加速器で直接加速するのではなく，加速された陽子ビームを標的に打ち込み，そこから生じた中間子を磁石で集め，輸送することで得られる。こうして得られるビームは運動量がばらつくので，精密分光を行うために入射ビームの運動量を1粒子ごとに測定する必要がある。このため，世界最強の中間子ビーム施設であっても，実験に供することができる中間子ビームは，数cm程度の広がりをもち，強度は1×10^7/s程度にとどまる。したがって，ある程度厚い標的（数g/cm^2）を用いる必要があり，標的内での運動量損失のゆらぎ，ビーム運動量測定精度に起因して，これまでハイパー核反応分光の分解能は1〜2 MeV程度に制限されていた。

*4　コア核である^{11}BとΛ粒子の質量の和から$^{12}_{\Lambda}$Bハイパー核の質量を引いた値に相当するエネルギー。コア核にΛが捕まってハイパー核になることによりばらばらの状態よりどれだけ安定になり，エネルギー的に得をしたかを表す量である。

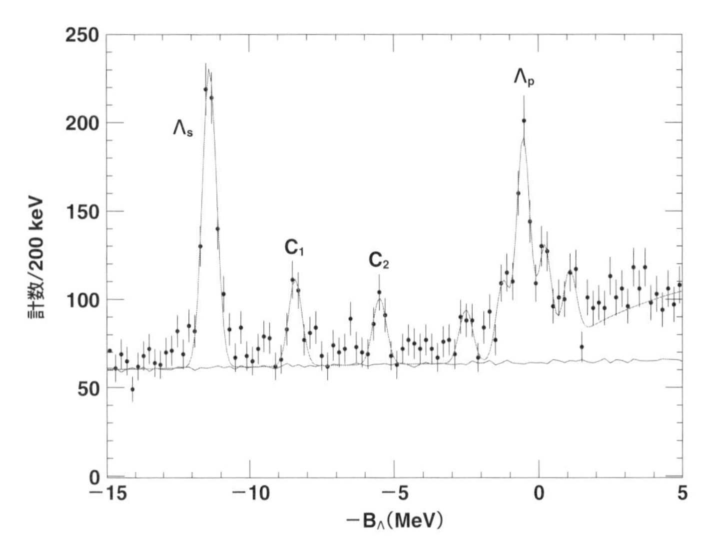

〈図1〉$^{12}_{\Lambda}$B ハイパー核Λ束縛エネルギー

JLab E05-115（HKS-HES）実験では，Λがs軌道，すなわち原子核最深部に捕獲された状態に相当するΛ_s，Λがp軌道に捕獲された励起状態であるΛ_pに加え，コア核^{11}Bの励起状態にΛが束縛されたC_1, C_2も観測された。ハイパー核生成分光実験としては最高分解能0.54 MeV（半値全幅）を達成した。

ロ（s軌道）に束縛され，もっとも安定な状態になっている$^{12}_{\Lambda}$Bハイパー核の基底状態（Λ_sで示される）と，Λ粒子が軌道角運動量1$\hbar$（p軌道）に束縛された状態（Λ_pで示される）に加え，コア核の励起状態にΛがs軌道に捕まった状態もはっきりと観測されている。この実験でハイパー核反応分光実験として最高エネルギー分解能0.54 MeV（半値全幅）を達成し，Λハイパー核電磁生成分光法が確立した。

これまでの経験を生かし，2018年秋にはJLab Hall Aにおいて，$e^- + {}^3H \to e' + nn\Lambda$反応により原子番号ゼロのΛハイパー核を探索する実験を遂行した。$nn\Lambda$が束縛するか，共鳴状態になるか，そもそも存在しないかで注目を浴びている核であるが，標的の3重水素が40 TBqの放射性物質であるという困難な実験であった。鋭意データ解析中であり，もうすぐこのような状態があるかどうかが，はっきりすると期待できる。

■今後の展望

これまでハイパー核電磁生成分光実験では，扱いやすい軽い原子核の固体標的を主に用いて研究を推進してきた。今後，重いハイパー核へと研究を展開したいが，電磁相互作用によるバックグラウンドがおおよそ原子番号の2乗に比例して増加することから容易ではない。

現在，高分解能K中間子磁気スペクトロメーター（high resolution kaon spectrometer, HKS）と高分解能で高運動量電子を測定可能なHRS（high resolution spectrometer）を組み合わせ，最適化された電荷分離電磁石を新たに導入し，入射電子エネルギーを4.5 GeVに引き上げることで電磁バックグラウンドを抑制する実験の準備を進めている。これにより^{40}Ca，^{48}Ca標的を用いて$^{40}_{\Lambda}$K，$^{48}_{\Lambda}$Kの精密分光を行い，ハイパー核のアイソスピン依存性（中性子数と陽子数のバランスの影響）を調べる。宇宙で一番密度の高い物体である中性子星[*5]はアイソスピンが極端に偏った状態であり，またその深部にはハイペロンが自然に存在する可能性が議論されている。しかし，ハイペロンが存在すると中性子星は柔らかくなりすぎて，現在発見されているもっとも重い中性子星（太陽質量の2倍）は自重を支えることができない。地上において中性子星深部のかけらともいえるハイパー核を研究することで，重い中性子星がなぜ潰れないかの謎（ハイペロンパズル）に迫ろうとしている。

参考文献

1）T. Gogami *et al.*: Nucl. Inst. and Meth. A **900**, 69 (2018).
2）S. N. Nakamura *et al.*: Phys. Rev. Lett. **110**, 012502 (2013).
3）T. Gogami *et al.*: Phys. Rev. C **94**, 021302(R) (2016).
4）G. M. Urciuoli *et al.*: Phys. Rev. C **91**, 034308 (2015).
5）T. Gogami *et al.*: Phys. Rev. C **93**, 034314 (2016).
6）L. Tang *et al.*: Phys. Rev. C **90**, 034320 (2014).
7）L. Yuan *et al.*: Phys. Rev. C **73**, 044607 (2006).
8）J. J. LeRose *et al.*: Nucl. Phys. A **804**, 116 (2008).

*5　中性子を主成分とする1つの巨大な原子核ともいえる星である。太陽の1.5倍程度の質量をもつ星が，半径10 km程度まで圧縮されている。

中性子過剰の果てにある境界：中性子ドリップライン

中村隆司

陽子数と中性子数がどのような組み合わせのときに原子核は存在できるのであろうか。これはいまだに解かれていない核物理の大問題の1つである。〈図1〉は存在する原子核の位置を，中性子数（横軸），陽子数（縦軸）で示した核図表の抜粋である。酸素（陽子数8）では，^{16}O，^{17}O，^{18}Oが安定核で，それより中性子過剰な原子核は^{24}Oまで存在する。この限界線を，核力による引力が不足して核子が原子核からこぼれ落ちるという意味でドリップラインとよび（太線），それを超えると原子核は存在しない。中性子過剰側が中性子ドリップラインである。安定核からドリップラインまでの原子核（灰色）はベータ崩壊（弱い相互作用）で中性子と陽子が入れ替わるが，核力からみると安定した原子核である。中性子過剰の果てにある境界「中性子ドリップライン」に実験的に到達するのは非常に難しく，約20年前に酸素同位体の中性子ドリッ

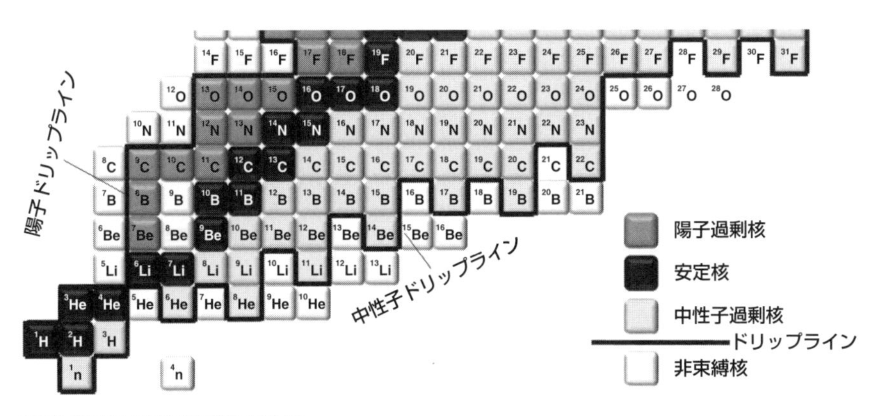

〈図1〉核図表の抜粋（陽子数9以下）

プラインが^{24}Oの位置と確定[1)]して以来，つい最近まで陽子数9以上の中性子ドリップラインはまったく未定であった。

一方，中性子過剰核をつくる加速器技術や研究は急速に進展しており，しかも日本がリードしている[2),3)]。世界的研究拠点となった理化学研究所のRIBF（RI Beam Factory）[4)]では，2007年の稼働以来200種程度の新同位体が発見され，そのほとんどが中性子過剰核である。2019年には久保，福田らによって中性子ドリップラインがネオン同位体（陽子数10）まで確定された[5)]。

安定線から中性子ドリップライン，さらにその外側に至る原子核の状態変化を，〈図2〉上側のようにポテンシャルというグラスに注がれた陽子流体と中性子流体で考えてみる。安定核（左）では陽子と中性子が同じ高さの水面まで詰まっている。ドリップライン近傍の中性子過剰核（中央）では中性子がこぼれる寸前にある（中性子が弱く束縛した弱束縛状態）。さらに中性子を増やすと（右）グラスからあふれ，中性子ドリップラインを越えたことを意味する。図下側にはホウ素同位体（陽子数5）を例に構造変化を模式的に示した。中性子が弱束縛になると中性子ハロー（薄く広がった中性子雲）を形成することがある（中央）。さらに，いまだによくわかっていないが，ハローを構成す

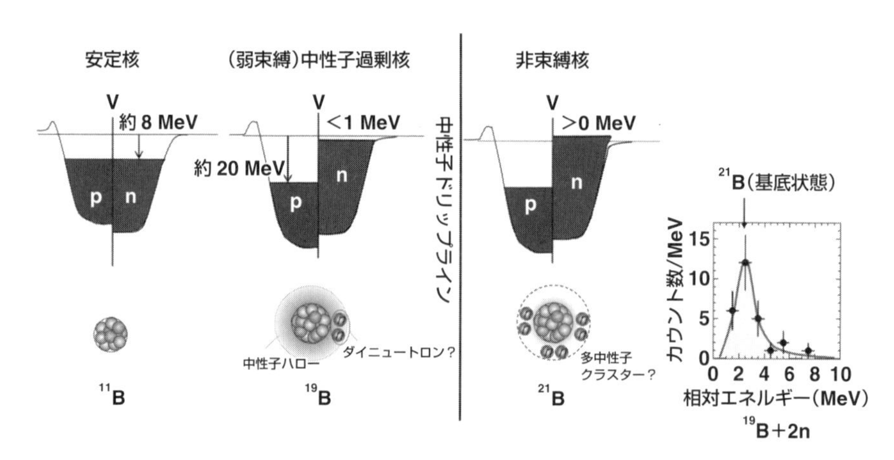

〈図2〉安定核から中性子過剰核，非束縛核への構造変化

（上）左より，安定核，中性子ドリップライン近傍の弱束縛中性子過剰核，ドリップライン超の非束縛核の模式図。（下）安定核^{11}B，弱束縛中性子過剰核^{19}B，非束縛核^{21}Bの概念図。（最右）^{22}Cの1陽子分離反応で観測された^{21}Bの基底状態の相対エネルギースペクトル[7)]。

る中性子対が強く相関し，ダイニュートロンとよばれる2中性子系の塊（クラスター）をつくる可能性もある。

さて，ドリップラインを超えると原子核は存在できないのであろうか。じつは，準安定な“共鳴状態”として観測されることがあり，それは非束縛核とよばれる。〈図1〉には共鳴状態（候補含む）が観測されている非束縛核を白四角で示した。2018年にはRIBFの大立体角スペクトロメーター—SAMURAI[6]を利用して，ドリップライン超の^{20}Bと^{21}Bが共鳴状態として観測された[7]（〈図2〉右）。^{21}Bの共鳴エネルギーは6中性子崩壊のしきい値に近く，6中性子が織りなす多中性子クラスター形成も期待される。一部の核子群が凝集してクラスターを生成する現象は，原子核のαクラスターのように，しきい値近傍に現れやすいとされる[8]。

もっとも重い非束縛核は^{26}Oまで観測されており〈図1〉，その研究は急速に進展しつつある。近藤らは^{26}Oの共鳴エネルギーがわずか18±5 keVであることを見いだした[9]。これは安定核の束縛エネルギー（約8 MeV）の0.2 %程度にすぎず，^{26}Oは“非束縛すれすれ”の特異状態であることがわかった。近藤らはさらに^{27}O，^{28}Oの探索実験に挑戦した。^{28}Oは，観測されれば，初の“4中性子崩壊核”となり，多中性子クラスターの出現も期待される。^{28}Oは，陽子数8，中性子数20の2重魔法数核の候補として長年探索されてきたベンチマーク核でもある。現在データ解析の最終段階にある。

中性子ドリップラインの探究は，原子核の存在限界とそこに現れる新現象の探究でもあり，極限原子核における「核力」や特徴的な多体相関の理解につながる。ドリップラインに現れるクラスターは，ハドロンや原子・分子のしきい値近傍に現れる共鳴現象とも共通の普遍的な現象である可能性もあり，注目されている。さらに，中性子過剰極限の物理は，中性子星や元素合成過程などの天体現象を微視的に理解するという意味でも重要である[2),3)]。

参考文献

1）H. Sakurai *et al.*: Phys. Lett. B **448**, 180 (1999).
2）T. Nakamura, H. Sakurai and H. Watanabe: Prog. Part. Nucl. Phys. **97**, 53 (2017).
3）中村隆司：『不安定核の物理』(共立出版，2016).
4）T. Motobayashi and H. Sakurai: Prog. Theor. Exp. Phys. **2012**, 03C001 (2012).

5) D. S. Ahn *et al.*: Phys. Rev. Lett. **123**, 212501 (2019).
6) T. Kobayashi *et al.*: Nucl. Instrum. Methods Phys. Res. B **317**, 294 (2013).
7) S. Leblond *et al.*: Phys. Rev. Lett. **121**, 262502 (2018).
8) K. Ikeda, N. Takigawa and H. Horiuchi: Prog. Theo. Phys. Suppl. E **68**, 464 (1968).
9) Y. Kondo *et al.*: Phys. Rev. Lett. **116**, 102503 (2016).

宇宙・天体物理

●ALMAでみえてきた原始惑星系円盤の構造
●Gaia衛星が解明する銀河系のダイナミクス
●史上初，巨大ブラックホールの影の撮影に成功
●最遠宇宙の巨大ブラックホール探査

ALMAでみえてきた原始惑星系円盤の構造

百瀬宗武

■はじめに

これまで数千に上る系外惑星の存在が確認され，その多様な姿が明らかになってきた。この多様性の起源を解明する鍵を与えるのが，惑星の母胎である原始惑星系円盤である。原始惑星系円盤が観測され始めたのは約30年前であり，それ以降，円盤に対する理解は着実に深化してきた。しかし2014年から高解像度観測を開始した大型電波望遠鏡ALMA（Atacama Large Millimeter/submillimeter Array）は，原始惑星系円盤研究の新時代を開いたといってよいだろう。本項では，惑星誕生と密接に関係している可能性のある円盤構造をとらえた観測について，最近の進展を紹介する。

■リングギャップ構造の普遍性

ALMAによる初の円盤高解像度画像は，2014年11月に公開されたHL Tauに対するものである[1)]。それまでのミリ波観測をはるかに凌駕（りょうが）する，約3 auの空間分解能（1 auは太陽と地球の平均距離）での固体微粒子（ダスト）熱放射画像は，理論が予言していた円盤惑星相互作用によるギャップを思わせる多重リング構造をとらえた。もしこれが本当に惑星ギャップだとすれば，HL Tauの周囲には土星クラスの惑星が3つは存在するはずである[2)]。しかしこの時点では，同様の構造がほかの円盤でも見つかるかは判然としなかった。

リングギャップ構造はどこにでもある，という印象を決定づけたのが，2016～17年に実施された大型プログラムDSHARP（Disk Substructures at High Angular Resolution Project）である。ALMAの登場以前から，波長2～10 μmの放射が乏しい「遷移円盤」とよばれるグループは中心星周囲に大きなギャップをもつことが知られていたが，DSHARPは遷移円盤ではない20個の円盤を

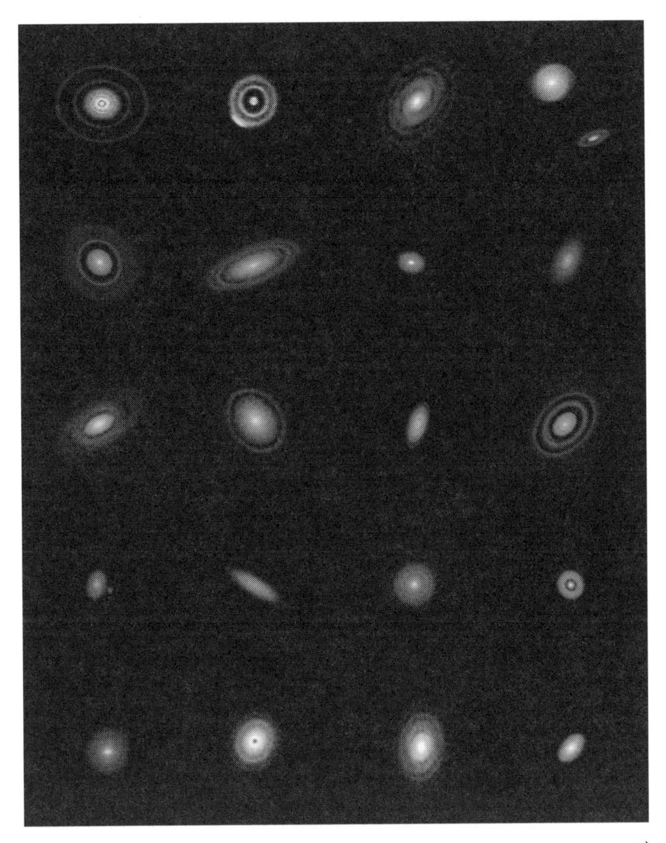

〈図1〉大型プログラムDSHARPで得られた原始惑星系円盤20個の電波画像[3)]
波長1.1 mmのダスト熱放射を約5 au の解像度でとらえたもの。Credit: ALMA (ESO/NAOJ/NRAO), S. Andrews et al.; NRAO/AUI/NSF, S. Dagnello.（カラー画像はカバーを参照。）

対象に，おおむね5 auの解像度でダスト熱放射を撮像した。そして，大半の円盤にリング状構造を見いだした〈図1〉[3)]。

惑星が直接検出されたわけではないとはいえ，これらリングが惑星でつくられたと考えるのは自然な仮説だろう。実際，シミュレーションとの比較により〈図1〉を再現する惑星配置が推定され，系外惑星の統計とも比較され始めている[4)]。しかし，ダストリングが惑星なしでも発生し得る点には注意すべきである。たとえば，ダストの付着成長が妨げられる特定の温度領域でダストが濃集する機構[5)]や，ガス-ダストの2成分間で起こる成長時間の長い不安定[6)]がその候補である。似たようにみえるリングであっても，さまざまな成因のものが混在しているのかもしれない。

■ よりたしかな惑星存在の証拠を求めて

ところで，円盤内に存在する惑星をまぎれなく検出するのは簡単ではない。とくに可視光や赤外線では，円盤物質によって散乱された中心星の光の濃淡が邪魔となり，惑星の抽出を難しくするからである。たとえば数年前に，前主系列星LkCa15の周囲で質量降着をともなう若い惑星を赤外線で検出したとの報告があった[7)]が，追観測では同様の成分は検出されず，散乱光の濃淡を誤認した可能性が高いことがわかった[8)]。

ところが最近，内側に半径約37 auのギャップをもつ遷移円盤が付随する前主系列星PDS70で，これまでになく有望な惑星存在の兆候が見つかった。2012〜17年の5エポックで取得された赤外線画像を解析したところ，ギャップ内の半径23 auと35 auに，ケプラー回転と合致する位置変化を示す点源が確認された[9)]。さらにALMAにより，中心星の光が邪魔にならないサブミリ波でも後者と一致する位置に微弱な点源が検出された〈図2〉[10)]。これは約10木星質量の惑星をとり囲む円盤（周惑星円盤）からの放射をとらえた可能性が高い。今後，これらの点源がケプラー回転と一致する位置変化を示し続ければ，若い惑星（系）存在の決定的証拠となる。

このほかに惑星存在をほのめかす特徴として，ガス円盤が示す回転運動のなかに惑星による摂動らしきひずみがあるとの指摘がある[11)]。このひずみ量は非常に小さいため追観測による確認が必要ではあるが，候補天体の増加も含め，形成直後の惑星が近い将来つぎつぎと円盤内で同定されるのではないかという期待が膨らんでいる。

■ 今後の展望

最後にリングの話題にもどり，惑星形成論の今後を展望する。かつての標準的太陽系起源論が提示したのは，動径方向になめらかな構造をもつ円盤内で，

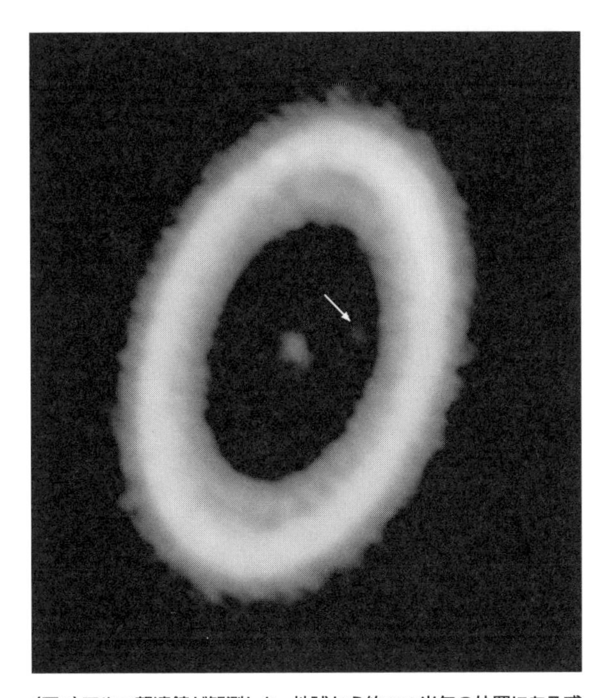

〈図2〉アルマ望遠鏡が観測した，地球から約370光年の位置にある惑星系PDS70のちりの分布

PDS70に付随する円盤に対し，ALMAで得られたサブミリ波ダスト熱放射強度分布を示したもの。可視・赤外線でとらえられた2つの点源(PDS70b, c)のうち，PDS70cと同じ位置にサブミリ波ダスト熱放射も確認された(図中矢印の先)。Credit: ALMA (ESO/NAOJ/NRAO); A. Isella.

μmサイズのダストが数百万年かけて約10 kmの微惑星に成長し，さらにそれらが約10^7年かけて惑星へと合体成長するというシナリオであった。

一方，リングが検出された円盤をともなう中心星の年齢幅は非常に広い。HL Tauの年齢は10^6年以下であるが，DSHARPサンプルは10^6〜10^7年，さらに年齢が約10^7年のTW Hyaという天体でも海王星程度の惑星で説明されるギャップが見つかっている[12)]。もしすべてのリングが惑星起源だとすると，TW Hyaは太陽系起源論の惑星形成タイムスケールと合致するが，それ以外ではもっと早く惑星形成が完了する必要がある。つまり，微惑星を介した惑星形成が想定以上に早く進むか，まったく別の惑星形成機構があるのかのいずれかである。その一方で，リングの大部分がじつはたんなるダストの集積領域にすぎない可能性もある。ひょっとすると，このような半径方向で不均一なダスト分布こそが，微惑星形成を促す原動力なのかもしれないのだ。

これらの疑問に対する回答はただちには得られないが，一般的な惑星形成論が，太陽系起源論の枠に収まりきらないことは間違いない。つぎの30年間にどれだけの知見を獲得できるだろうか。われわれはいま，そのスタート地点に立っているのである。

参考文献

1）ALMA Partnership *et al.*: Astrophys. J. Lett. **803**, L3 (2015).
2）K. D. Kanagawa *et al.*: Publ. Astron. Soc. Jpn. **68**, 43 (2016).
3）S. M. Andrews *et al.*: Astrophys. J. Lett. **869**, L41 (2018).
4）S. Zhang *et al.*: Astrophys. J. Lett. **869**, L47 (2018).
5）S. Okuzumi *et al.*: Astrophys. J. **821**, 82 (2016).
6）S. Z. Takahashi and S. Inutsuka: Astrophys. J. **794**, 55 (2014).
7）S. Sallum *et al.*: Nature **527**, 342 (2015).
8）T. Currie *et al.*: Astrophys. J. Lett. **877**, L3 (2019).
9）M. Keppler *et al.*: Astron. Astrophys. **625**, 118 (2019).
10）A. Isella *et al.*: Astrophys. J. Lett. **879**, L25 (2019).
11）R. Teague *et al.*: Astrophys. J. Lett. **860**, L12 (2018).
12）T. Tsukagoshi *et al.*: Astrophys. J. Lett. **829**, L35 (2016).

Gaia衛星が解明する銀河系のダイナミクス

服部公平

■ 銀河考古学

近年，天文学のなかでも「銀河考古学」とよばれる分野がめざましい発展を遂げている。銀河考古学は，銀河に含まれる多数の恒星の位置・速度・化学組成の情報をもとに，銀河の形成史を解明する研究分野である。恒星の現在の位置・速度・化学組成の情報は，その星が生まれた初期条件（たとえば星が生まれたガス雲の運動情報や，ガス雲のなかでの化学進化の情報）を反映している。これらの情報を組み合わせることで，銀河の現在の状態から過去を推定するわけである。銀河考古学では，恒星の軌道の形状や化学組成のような，時間の経過とともに大きく変化しない情報をしばしば化石情報とよぶ。そして，発掘された化石から地球史をひもとく古生物学と同様に，化石情報を用いて銀河の歴史を推定する。本項では，われわれの住む銀河系の構造や歴史に関する新たな知見を，最新のデータに基づいて紹介する。

■ なぜ銀河系を研究するのか

銀河は広義には恒星が多数集まった集団であり，そのなかでもとくにわれわれの住んでいる銀河を銀河系とよぶ。銀河と銀河系はよく混同されるが，銀河系（Galaxy）が固有名詞である一方，銀河（galaxy, galaxies）は普通名詞であり，両者は厳密に区別される。

過去から現在に至るまで，宇宙には銀河が無数に存在していた。銀河は宇宙の構成単位の1つであり，宇宙の歴史とは銀河たちの歴史だといえる。現在の宇宙に存在する銀河は，宇宙初期にできた小さな銀河が衝突と合体をくり返して形成されたものであり，これらの衝突は現在も続いている。銀河系は，多数の星を詳細に測定できる事実上唯一の銀河であり，銀河形成のダイナミクスを調べるうえで欠かせない研究対象なのである。

■人工衛星Gaiaのもたらす革命

意外かもしれないが，銀河系の歴史を知るためには，銀河系の3次元地図をつくる必要がある。なぜなら，現在の星の3次元分布は，過去のあらゆる力学現象の帰結だからである。また，星の3次元速度も有用である。これは，位置と速度の情報から星の軌道を推定すれば，時間を巻きもどして過去にどこからその星が来たのかがわかるためである。

これらの6次元の情報のなかでも，天球面上での位置（2次元）と視線速度（1次元）は比較的容易に計測できる。しかし，星までの距離（年周視差）や，天球面上での2次元速度（固有運動）を測定するには，星の天球面上の位置がわずかに経年変化する様子をモニターする必要がある。そのため，太陽の近傍の星を除けば，6次元情報の測定は事実上不可能であった。

欧州宇宙機関の人工衛星Gaiaは，三角測量の原理を用いて星までの年周視差（距離）と固有運動を精密測定する人工衛星である。2018年にGaiaは全天の20等級より明るい13億天体の3次元位置・2次元固有運動を公開した[1)]。この人類史上最大の恒星カタログによって，銀河系の描像が書き換えられつつある。以下では4つのテーマに絞って，新たな知見を紹介する。

■銀河円盤のゆがみ

太陽を含む銀河系の恒星の9割は，円盤状の領域（銀河円盤）に属している。そして，これらの星はほぼ円軌道をもつことが知られていた。Gaiaの高精度データは，この一見特徴のない速度分布のなかに，興味深い微細構造が存在することを明らかにした[2)]。〈図1〉は，太陽近傍の恒星を銀河面からの高さZと，銀河面に垂直な方向の速度成分V_Zで2次元分類し，グループごとに銀河系を周回する平均速度〈V_ϕ〉を求めグレースケールで示したものである。この図にみられるスパイラル構造は，銀河円盤が約2億年前に垂直方向の摂動を受けた痕跡だと解釈されている[3)]。

この構造は，銀河系を周回するサジタリウス（Sagittarius）わい小銀河が2億年前に恒星円盤を横切ったさい，恒星円盤に重力的摂動を与えた結果であるという学説が有力である[3)]。この場合，ちょうど楽器の銅鑼（どら）がたたかれて振

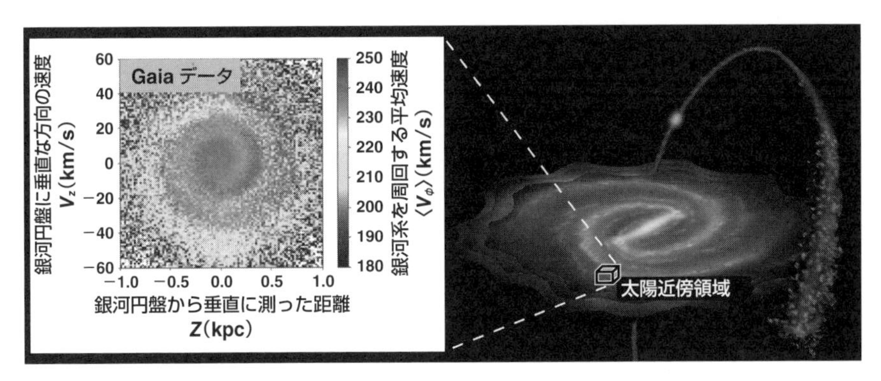

〈図1〉Gaiaデータによって明らかにされた,「銀河円盤のゆがみ」の痕跡
(左図)Gaiaデータで発見された,太陽近傍の恒星が位相空間(Z, V_Z)上で示す微細なスパイラル構造。1 kpcは1キロパーセクと読み,3260光年の距離を意味する。文献2, Figure 1(c) から転載。(右図)この想像図のように,サジタリウスわい小銀河のような比較的重いわい小銀河が銀河円盤を通過したさい,銀河円盤が垂直な方向にたたかれ,その余韻として位相空間のスパイラル構造が形成されたのではないかと考えられている。

動するように,銀河円盤が規則正しいパターンで影響を受けることが理論的に示されている。このように,Gaiaデータは新たな力学現象の発見に寄与している。

■ 銀河系の衝突・合体の歴史

現在の銀河系には,画一的な円軌道をもつ円盤星以外にも,さまざまな軌道の星が存在する。これらの星は,銀河円盤を球状に覆うような空間分布をもち,ハロー星とよばれる。Gaiaの速度データにより,銀河系の中心から7万光年以内のハロー星の多くは,ほぼ動径軌道(角運動量の小さな軌道)を示すことが判明した[4)]。この観測結果は,太古の銀河系が比較的大きなわい小銀河と正面衝突して破壊された痕跡であるという解釈が有力である[4),5)]。

■ 重力波・中性子星合体との関連性

2017年に検出された重力波GW170817は,中性子星合体に起因すると考えられている[6)]。中性子星合体が生じると,大量のr過程元素(ユーロピウムなど)が生成される[7)]。そのため,わい小銀河のような狭い場所で中性子星合体が生じると，わい小銀河内のガスがr過程元素で汚染され，わい小銀河の恒星は特異な化学組成をもつ。

わい小銀河で生まれた星々は，化学組成を共有するだけでなく，銀河系内の軌道も似ていることが期待されている。実際，恒星の化学データとGaiaの運動データとを組み合わせることで，化学的・運動学的性質を共有する星のグループが複数発見されている[8)]。これらのグループは，過去に銀河系に衝突してきたわい小銀河の特徴を知るうえで重要な情報源となる。

■超高速度星：銀河系中心の超巨大ブラックホールからの伝言

Gaiaのビッグデータは，わずかな割合でしか存在しない稀少な星を探索するうえで有用である。たとえば，ハロー星のなかには脱出速度に近い速度で運動する超高速度星が存在し，その起源に関する論争が続いている。Gaiaによって数多くの超高速度星が発見されたが[9)]，そのなかでももっとも重要な発見は，S5-HVS1と命名された1700 km/sで運動する若いA型主系列星である[10)]。軌道を解析したところ，この星は銀河系中心の超巨大ブラックホールから脱出してきたことが判明した。

一般に，銀河系中心を直接観測することは，手前にあるダストの減光のためにたいへん難しい。しかし，銀河系中心から脱出してきた超高速度星を使えば，ダストに影響されずに銀河系中心の環境を推定できる。今後，同様の星が多く発見されれば，なぞの多い超巨大ブラックホールの理解に役立つだろう。

参考文献

1) Gaia Collaboration *et al.*: Astron. Astrophys. **616**, A1, (2018).
2) T. Antoja *et al.*: Nature **561**, 360 (2018).
3) C. F. P. Laporte *et al.*: Mon. Not. Roy. Astron. Soc. **485**, 3134 (2019).
4) V. Belokurov *et al.*: Mon. Not. Roy. Astron. Soc. **478**, 611 (2018).
5) A. Helmi *et al.*: Nature **563**, 85 (2018).
6) B. P. Abbott *et al.*: Phys. Rev. Lett. **119**, 161101 (2017).
7) K. Hotokezaka *et al.*: Nat. Phys. **11**, 1042 (2015).
8) I. U. Roederer *et al.*: The Astron. J. **156**, 179 (2018).
9) K. Hattori *et al.*: The Astrophys. J. **866**, 121 (2018).
10) S. E. Koposov *et al.*: Mon. Not. Roy. Astron. Soc., stz3081 (2019).

史上初，巨大ブラックホールの影の撮影に成功

本間希樹

■初めてみた巨大ブラックホールの姿

2019年4月，人類は暗黒の天体であるブラックホールの「影」をとらえることに初めて成功した[1)]。科学史に残るこのマイルストーンを成し遂げたのは，地球規模の電波干渉計を合成してブラックホールの撮影をめざした国際プロジェクト，イベントホライズンテレスコープ（Event Horizon Telescope，EHT）である。EHTの2017年4月の観測から，おとめ座の楕円銀河M87の中心核のブラックホールの写真が得られた〈図1〉。写真には，ブラックホールの強い重力によってその周囲に光が巻きついてできる「光子球」がリング状に写っている。そして，その中心は「黒い穴」となっており，この穴こそがこの間

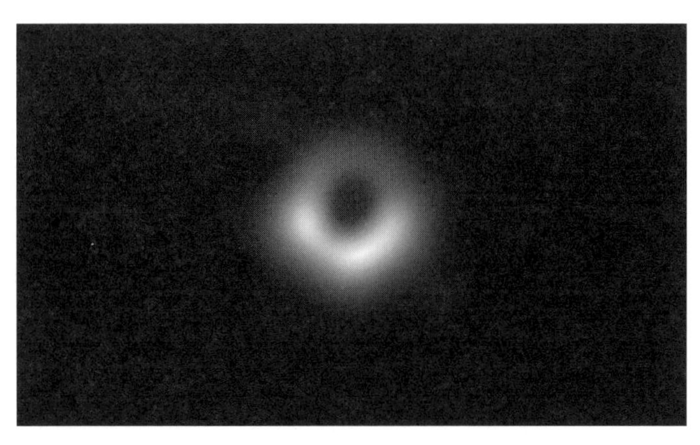

〈図1〉EHTが撮影したM87中心核の巨大ブラックホールの写真
ドーナツ状の輪はブラックホールまわりの光子に対応し，中心の暗いところがブラックホールシャドウである。

研究者がブラックホール存在の最後の証拠として検出に挑み続けてきた「ブラックホールシャドウ」である。ブラックホールシャドウの存在は,「ブラックホールからは光さえ脱出できない」という性質を直接に視覚的に表している。また,光子球の見かけの大きさが約1000億kmであったことから,M87の中心核の巨大ブラックホールが,太陽の約65億倍という巨大なものであることも明らかになった。これによって,銀河の中心に巨大ブラックホールが存在することが確定的となった。

■ブラックホール撮影の意義

ブラックホールの存在は一般相対性理論から予想されてきた。アインシュタイン（Einstein）が1915～16年に重力場の方程式を導出すると,シュワルツシルト（Schwarzschild）がすぐに方程式の球対称解であるシュワルツシルト解を求めた。それによれば質点からある半径のところに“一方通行の弁”が現れ,外からそれより内側に物質や光が入ると2度と出てこられなくなる。

$$R_s = 2GM/c^2 \qquad (1)$$

この半径はシュワルツシルト半径とよばれ,その半径の内側を観測することは絶対にできないため,「事象の地平線」(event horizon）ともよばれる。式(1)でGはニュートンの重力定数,Mはブラックホールの質量,cは光速度である。地球の質量の場合R_sは約1 cm,太陽の場合は約3 kmであり,ブラックホールをつくるには天体の密度を極限まで高くする必要があることがわかる。ブラックホールの周辺では時空が激しくゆがむため,光すら直進することができなくなり,球対称解の場合シュワルツシルト半径の1.5倍のところに光が円軌道を描く特別な場所,通称“光子球”が生成される。〈図1〉のドーナツ状に光っている部分はこの光子球の断面に相当し,その内側がブラックホールの影になっている。今回の観測からブラックホールの質量が65億倍と求まったのも,シュワルツシルト半径および光子球半径がブラックホール質量に比例するという式(1)の関係が成り立つからである。

今回の観測結果は,まず物理学的な立場でみると,光すら飲み込む暗黒の天体が実際に存在することを視覚的に初めて示したものといえる。もちろんこれまでにもブラックホール存在の証拠は数多くの研究から得られてきた。なかでも連星ブラックホール合体にともなう重力波が2015年に検出されたことで，ブラックホールの存在は確定的となっていた。しかし，それでもブラックホールが文字どおり「黒い穴」なのかどうかは，視覚的にその写真を撮るまで確認することができなかった。この性質の確認は，一般相対性理論でブラックホールの存在が予言されて以来100年を経て，今回の観測で初めて達成されたのである。

一方，天文学的には，「銀河の中心には何があるのか？」という問いが20世紀初頭の活動銀河中心核の発見以来，100年にわたり大きな研究対象であった。活動銀河中心核が発見されたのは1909年（米国の天文学者エドワード・ファス（Edward Fass）による）のことである。また，宇宙で最初にジェットが発見されたのは，1918年（米国の天文学者カーチス（Heber Doust Curtis）による）のことで，見つかったのは今回ブラックホールが観測されたM87においてである。このように20世紀初頭から続く活動銀河中心核の正体の研究では，これまで長年にわたる観測や理論の研究から巨大ブラックホールの存在が示唆されてきたが，今回の撮影によりついにそれが確定した。今回のM87のブラックホールシャドウの撮影成功は，100年来の物理学・天文学の課題に明確な回答を与えることとなった。

■ EHTプロジェクトによる観測と解析

今回の写真を撮影したEHTプロジェクトは，世界の13機関がコアとなって推進する国際プロジェクトである。日本の国立天文台もそのコア機関の1つであり，またほかのアジアの国からは台湾の中央研究院天文及天文物理研究所（Academia Sinica Institute of Astronomy and Astrophysics, ASIAA）と，日中韓台で共同運営する東アジア天文台（East Asian Observatory, EAO）もコア機関に連なっている。EHTはブラックホールの影を観測するために，地球規模のミリ波帯の超長基線電波干渉計（very long baseline interferometry, VLBI）観測網の整備を進めてきた。ブラックホールを撮影するには当然ながらシュワルツシルト半径（事象の地平線）スケールを分解する必要がある。実際，相対性理論の計算から，球対称場ではブラックホールの直径が$2R_s$，光子球の直径が$3R_s$，そして重力レンズを受けた光子球の見かけの大きさが約$5.2R_s$となる。一方，M87の質量は太陽の65億倍で地球からの距離が5500万光年であるので，ブラックホールシャドウの見かけの大きさ（$5.2R_s$に相当する角度）は40マイクロ秒角程度となる（マイクロ秒角は1秒角の100万分の1，また1秒角は3600分の1度）。

一方，観測に必要な望遠鏡の分解能は，以下の関係式から求めることができる。

$$\theta \sim \lambda / D \tag{2}$$

ここでθは分解できる最小角度（単位はラジアン），λは観測波長，Dは望遠鏡の口径であり，すべての望遠鏡の分解能（視力の逆数）はこの式で決まる。望遠鏡の口径Dは地球上のアンテナを使う限り最大でも1万km程度であるが，その場合波長λを1mm程度まで短くすると約20マイクロ秒角の視力が達成でき，ブラックホールシャドウの撮影が可能になる。このことこそが，EHTプロジェクトがミリ波でのVLBIを推進してきた理由である。

今回発表された写真は2017年4月に行われた観測から得られた。2017年の観測は，チリのALMA（Atacama Large Millimeter/submillimeter Array）望遠鏡が参加した初めてのものであり，ALMAも含めた世界6か所8台の望遠鏡〈図2〉が参加して観測が行われ，6か所ともよい天候に恵まれて良質なデータを取得することができた。ただしVLBIの観測においては，観測完了と同時に写真が得られるわけではなく，観測終了後に膨大な解析作業が必要である。まず，各局でハードディスクに記録された観測データ（天体信号の電圧データ）は米国およびドイツの相関処理センターに集められる。今回の観測には南極点の望遠鏡も参加しているので，そのデータの輸送だけで，半年がかりであった。この段階ではデータはペタバイトスケールの容量がある。集められた局ごとのデータは相関器とよばれる専用コンピューターで掛け合わせられ，この段階で初めて観測に成功しているのかが確認できる。そして，得られたデータをさらにチェックし，念入りなキャリブレーションを施したうえで，画像解析が可能なデータが得られるのである。この一連の流れで，データは相関処理直後のテラバイトから画像解析前のギガバイトスケールまで落ちる。

今回の解析では慎重を期するために，まずM87とは異なる参照天体を用いてすべてのプロセスが正しく動作していることを確認した。それを経てM87の画像解析を実際に行ったのは，観測から1年以上たった2018年6月のことで

〈図2〉2017年4月観測のイベントホライズンテレスコープ（EHT）の局配置図
世界の6か所8台のミリ波の電波望遠鏡をVLBIの技術を用いて地球サイズに合成した。波長1.3 mmの電波で観測することで，分解能約20マイクロ秒角（人間の視力換算で300万）という視力が達成された。

あり，そこで初めて今回観測されたブラックホールの影の存在を確認することができた。筆者は日本の解析チームとして水沢VLBI観測所でメンバーと一緒に解析作業を見守ったが，初めてブラックホールの影が姿を現わしたときの興奮はいまでも鮮明に記憶している。

今回の成果では，日本チームが開発した画像解析処理ソフトが大きな役割を果たしていることも付記する。筆者らのグループはスパースモデリングという手法を用いて画像化を行う方法をいち早く提唱し，実際今回の解析でも主要な3つの手法の1つとしてそれが用いられた（ほかは以前から用いられてきた従来の手法と，米国提案の新手法）。スパースモデリングとは，解の疎性を活用して解けない連立方程式を解く手法である。未知数が方程式よりも多い方程式は劣決定となり，解が一意に定まらない。しかし，無数にある解のなかから，スパース性に関する事前情報を使うと，最適な解を効果的に選択することができる。今回用いられたスパース制約の代表的なものは，画像のピクセルにゼロが多いという画像の疎性や，画像がなめらかで隣り合ったピクセルの差がほぼゼロになるという，画像の微分の疎性などである。

ちなみに，米国の手法でも，日本が提唱したスパースモデリングの制約項がとり入れられていて，日本の手法はほかの手法にも影響を与えている。今回の解析では，これらの3つのうちどの手法を用いても得られる結果が変わらないということが確認され，最終的には3つの手法で得られた画像を，解像度をそろえて平均したものが〈図1〉に示された最終結果となっている。

■今後の展望

最後に今後の展望についても簡単にふれておきたい。今回の観測ではM87のブラックホールシャドウがとらえられた一方で，ジェットの根元が写真にまったく写らなかった。センチ波帯ではM87は明るいジェットを有しており，その根元はブラックホールまたはその周囲の降着円盤に接続していると期待されていた。しかし，今回それがみえなかったことで，ジェットの起源や加速メカニズムの解明は今後の課題として残った。また，M87と並んでブラックホールの影がみえると期待されているもう1つの天体，いて座Aスターについても2017年の観測データの解析が待たれている。そして，今後もさらに観測を積み重ねることで，ブラックホールの動的な姿もとらえることができる時代がやってくると期待される。今回のブラックホールの影の検出は新たなブラックホール観測時代の幕開けであり，今後5～10年間の研究の進展がおおいに楽しみである。

参考文献

1）本成果をまとめた6編のシリーズ論文；The EHT Collaboration *et al.*: The Astrophys. J. Lett. **875**, L1-L6 (2019).

最遠宇宙の巨大ブラックホール探査

松岡良樹

■闇に潜むモンスター

2019年4月10日，「ブラックホールシャドウ」の撮影成功に関するニュースが，世界を駆け巡った。イベントホライズンテレスコープによる画期的な初期成果である（本書p.109の本間希樹氏の記事も参照）。このとき撮影されたのは，近傍銀河M87の中心に鎮座する巨大ブラックホール（の影）であり，地球からもっとも観測しやすい天体の１つとして選ばれた[1)]。同様の巨大ブラックホールは，宇宙にあまねく存在することが知られている。実際，宇宙に数千億もあるとされる銀河の多くが，それぞれ中心核に巨大ブラックホールを宿している可能性が高い。ほとんどの場合，それらはただ静かに闇に潜んでいるだけだが，ときどき近寄ってきた大量の物質を飲み込み，光などの膨大なエネルギーを周辺に放つ。その光を観測によってとらえたのが，「活動銀河核」あるいは「クエーサー」とよばれる天体である〈図1〉。放出されたエネルギーは，宿主である銀河にも大きな影響を及ぼす[2)]。

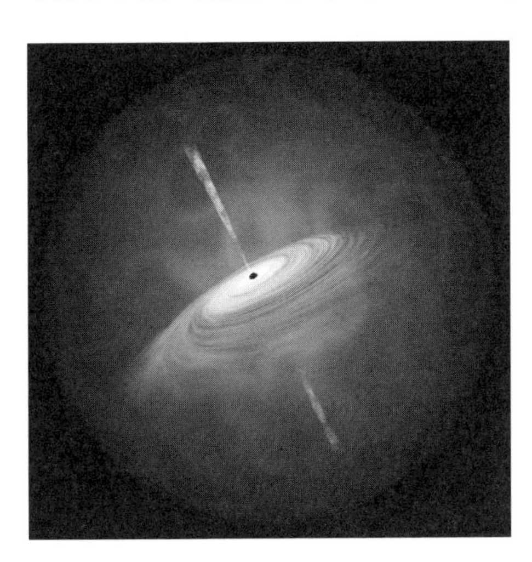

〈図1〉クエーサーの想像図
中心に巨大ブラックホールが存在し，降着する周辺物質が放つ光が観測者に届く。

巨大ブラックホールがなぜこれほど大量に存在するのか，いつ，どこで，どのように生まれたのかは，現代天文学が挑む最大のなぞの1つである。これまでの研究で，それらの少なくとも一部は，ビッグバンからまもない初期宇宙で生まれることがわかっている[3)]。しかしさまざまな理論予測がなされる一方で，技術的な制約から，いまだ十分な観測はなされていない。そこで私たちは，国立天文台すばる望遠鏡に最新鋭カメラ，ハイパー・シュプリーム・カム（Hyper Suprime-Cam，HSC;『パリティ』2019年2月号の特集記事も参照）[4)]が搭載されたタイミングで，最遠宇宙における大規模な巨大ブラックホール探査に着手した。天文学では，光の速さが有限であることを利用して，遠くを観測することで過去の宇宙の姿をとらえることができる。

■ どうやって探すのか

現在のところ，最遠宇宙のブラックホールを見つけるもっとも効率的な方法は，可視光・近赤外線観測によってクエーサーの光をとらえることである。しかし遠方クエーサーは非常に数が少なく，地球に届く光も微弱なため，宇宙のかなり広い領域を高感度で探索する必要がある。これを可能にしたのが，すばるHSCという画期的な超広視野カメラである。私たちは2014年からHSCを用いて，広大な空の探査観測を行いつつある[5)]〈図2〉。現在までの観測で，5億個近くの天体がHSCの画像データ上にとらえられている。

この膨大な撮影天体のなかから，効率的に，かつ見落としなく遠方クエーサーを拾い上げるには，どうしたらよいだろうか？　地球からみると遠方クエーサーは非常に小さく，画像上では光の点として写るので，天の川銀河に存在するおびただしい数の星々と区別することができない。そこで私たちは，天体の「色」に着目した。遠方クエーサーの光は初期宇宙で生成され，その後現在に至る長い宇宙の歴史のなかを旅してくるため，ふつうの星々とは大きく異なるスペクトルをもつ。たとえばクエーサーを特徴づける強いライマン（Lyman）α輝線（静止系波長1216 Å）は，赤方偏移によって波長が7～8倍も伸びた結果，地球では波長9000 Å付近で観測される。一方でライマンα輝線よりも短波長側の光は，銀河間空間の中性水素によってほとんど完全に吸収される。これらの効果で生まれる特異なスペクトルによって，HSCに搭載された波長9000 Å付近の複数のフィルターを用いると，遠方クエーサーはきわめて赤い点状天体として観測されるはずである。

〈図2〉HSCの画像データ上に写った，遠方クエーサーの例
矢印の先の淡い天体が遠方クエーサーである。提供：国立天文台。

私たちは，HSCのデータから赤い点状天体を拾い出し，さらにベイズ統計に基づく確率論的アルゴリズムを使用して，遠方クエーサー候補の絞り込みを行った。このアルゴリズムには銀河系内の星々とクエーサーのスペクトル，および各等級での天球面密度がモデルとして組み込まれており，実際に観測された複数波長帯での等級と照らし合わせることで，検出された各天体が遠方クエーサーである確率を計算することができる。この確率が10％未満のものは，赤い点状天体であっても候補から除外することとした。

■遠方クエーサーの大量発見

私たちはこのようにして，HSCの観測データに写る膨大な天体群のなかから，遠方クエーサー候補を抽出した。それらのうちもっとも有望な約200天体について，すばる望遠鏡と大カナリア望遠鏡を用いてスペクトルを計測した結果，多くが約130億光年彼方にある遠方クエーサーであることが明らかとなった。スペクトルを撮った残りの天体は，遠方銀河，天の川銀河の低温度星，小惑星などの移動天体，あるいは超新星などの突発天体であった。

2019年11月時点で，私たちの遠方クエーサー発見総数は93に達している[6)〜9)]〈図3〉。約130億光年以遠で人類が知るすべてのクエーサーのうち，半数近くを私たちが発見したことになる。しかもそれらは，既知の遠方クエーサーに比べると平均して10分の1程度の明るさしかなく，比較的若くて小さな巨大ブラックホールが活発に成長しつつある現場をとらえたものと考えられる。これまでの探査が見逃してきた多数の天体が，HSCによる大規模な高感度探査によって，初めて闇から姿を現したのである。私たちの探査によって見積もられた遠方クエーサーの数密度は，1辺10億光年の立方体ごとに1個であり，これは過去の探査で見つかった天体密度の約5倍に相当する。

さらに私たちの探査によって，「宇宙再電離」とよばれる事象に関する重要な示唆も得られた。ビッグバンによって火の玉状態で誕生した宇宙は，膨張とともに冷却し，約38万年後の「晴れ上がり」とよばれる時期に中性化したとされる。その後の「暗黒時代」を経て，初代の天体が生まれ始め，それらの放射によって宇宙空間は再び電離される。この最後の過程が「宇宙再電離」で

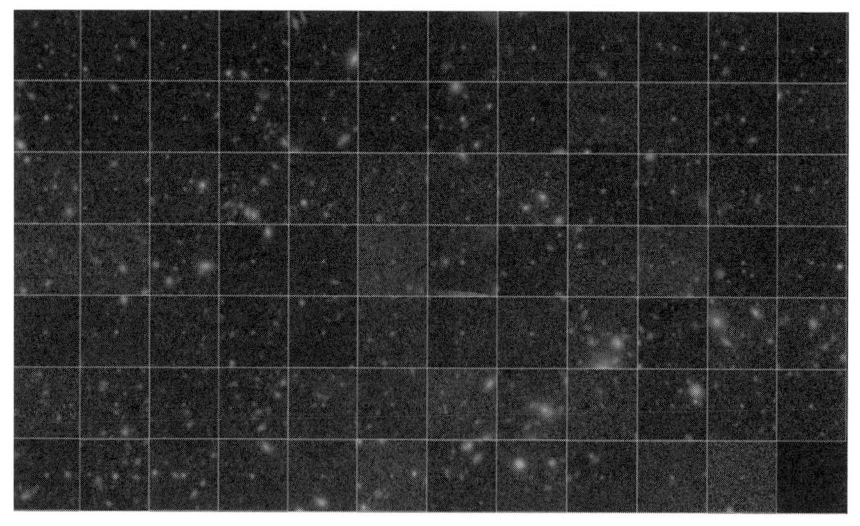

〈図3〉発見された約130億光年彼方の遠方クエーサーの一部
各パネルの中心に写る淡い天体が，それぞれ遠方クエーサーである。提供：国立天文台。

あるが，必要な光エネルギーを供給したのが具体的にどの天体種族なのかは未解明であり，遠方クエーサーも有力な候補の１つとして，活発な研究対象となってきた。しかし私たちが明らかにした遠方クエーサーの数密度は，宇宙空間の完全電離状態を保持するのに必要な数の10%にも満たない。この事実から，再電離を引き起こしたのはクエーサーではなく，初代銀河など別の天体種族であるとの結論を得ることができた[10]。

■将来への展望

遠方クエーサーの探査は，世界的な競争のなかで急速に進展している。すばる望遠鏡には，HSCのつぎの装置プライム・フォーカス・スペクトログラフ（Prime Focus Spectrograph）がまもなく搭載される予定であり，圧倒的な多天体分光能力によって，大量のクエーサー新発見が期待されている。より長期的には，2020年代に欧米で計画されている宇宙空間からの近赤外線探査観測によって，大きな飛躍がもたらされるだろう。5年後，10年後に私たちはどれだけ遠方まで到達し，どのような新しい宇宙をみているのか，非常に楽しみである。

参考文献

1）The EHT Collaboration: The Astrophys. J. Lett. **875**, L1（2019）.
2）J. Kormendy and L. C. Ho: Annu. Rev. Astron. Astr. **51**, 511（2013）.
3）E. Banados *et al.*: Nature **553**, 473（2018）.
4）S. Miyazaki *et al.*: Publ. Astron. Soc. Jpn. **70S,** 1（2018）.
5）H. Aihara *et al.*: Publ. Astron. Soc. Jpn. **70S**, 4（2018）.
6）Y. Matsuoka *et al.*: The Astrophys. J. **828**, 26（2016）.
7）Y. Matsuoka *et al.*: Publ. Astron. Soc. Jpn. **70S**, 35（2018）.
8）Y. Matsuoka *et al.*: The Astrophys. J. Suppl. S. **237**, 5（2018）.
9）Y. Matsuoka *et al.*: The Astrophys. J. Lett. **872**, 2（2019）.
10）Y. Matsuoka *et al.*: The Astrophys. J. **869**, 150（2018）.

地球惑星物理

●へんてこな惑星，ありふれた惑星

●海底近くの新たな海洋循環像

●地震波より早く伝わる地震情報

へんてこな惑星，ありふれた惑星

長澤真樹子

■ 奇妙であるということ

地球はへんな惑星ですか？　それともふつうの惑星ですか？　あなたならどう答えるだろう。地球は例としてちょっとよくないかもしれない。人には，自分の住んでいるところを「特別」と感じる傾向があるから。では，木星だったらどうだろう。木星はふつうの惑星か，そうでないか。

この質問を惑星科学者にしてみよう。いや，実際に質問をしてみたことはない。しかし勘では，ひねくれた，そして誠実な惑星科学者たちは，イエスやノーでは答えない。たいていがこう問い返すだろう。「あなたのいうふつうとは，何ですか」――つまりはそういうことである。

白状してしまうと，惑星科学者は普遍的なサンプルとして十分な種類の惑星をたぶん知らない。そもそも太陽系の外で見つけられる惑星は，観測されやすい「へんな特徴」をもっているのである。へんな惑星しか知らないなかで「ふつう」を語るのはたいへん難しい。

太陽系では，8つの惑星が丸い軌道で太陽のまわりを回っている。公転の向きは太陽の自転と同じで，軌道はほとんど同じ面にある。これは惑星が星と同時に形成される原始惑星系円盤というガスとちりの雲のなかから形成されるからで，こうした軌道になるのは物理的にいって当然のことである。この過程に「ひとひねり」が加わると，太陽系とは異なった軌道をもつ惑星系になる。ここでは，惑星の形成過程にこの「もうひとひねり」が加わった惑星系を「変わっている」と考えることにしよう。これは別に太陽系が標準であるといっているわけでも，多数派であるといっているわけでもない。

■ とんだ惑星

軌道がへんになる「ひとひねり」には，いろいろあるが，ここでは，「惑星散乱」[1)〜3)] という筆者のお気に入りの方法をみてみよう。

もし不運にも惑星が近づきやすい条件に生まれてしまうと，惑星は追い越し追い越されながら星のまわりを公転するあいだに，互いの重力で引き合って軌道を乱し，惑星系はぐちゃぐちゃになる。するとどうなるか。惑星どうしがぶつかることもあるだろう。もっとよくあることは，ぎりぎりでぶつからず，スイングバイして速さや進行方向が変わることである。これが惑星散乱である。こういうことが起こると，惑星は系内を飛んで横切り，へんな惑星となる。

惑星散乱の後に残される惑星は，きちんとした丸い軌道をしていなくて，彗星などにみられるような楕円の軌道になってしまっている[4),5)]。現在太陽系外で見つかっている木星よりも大きいような惑星には，あきれるような楕円軌道をしているものが多い。

■ 砂漠のペンギン

四半世紀ほど前，初めて太陽系の外で見つかった惑星[6)]は,「へんな惑星」だった。それは，星のごく近くを回る「ホットジュピター」であった。惑星科学者にとっては，太陽系以外に惑星が存在すること自体には意外性はなかった。それに対し，星の近くに「木星のような惑星」が存在していることはじつに大問題だった。木星のような大きなガス惑星に育つには，周囲に材料となる物質がたくさんなければならず，そのためには，核融合している星からは十分に離れている必要があるからである。たとえていうなら，惑星科学者にとってホットジュピターは，灼熱(しゃくねつ)のサハラ砂漠の真んなかを悠然と皇帝ペンギンが歩いていたようなものである。なぜこの惑星はここにあるのか？　当惑するしかない。その後もたくさんのホットジュピターが見つかり，数のうえからは，ちゃんと南極に住むペンギンである太陽系の木星型惑星のほうがよっぽど妙な惑星となってしまった。

もし南極でしか生まれないペンギンがサハラ砂漠にいたら。そこは最近まで氷河だったのかもしれない。そうでなければ，これはもう何らかの方法でペンギンが移住した，もしくは移動させられたと考えざるを得ない。星の近くの木星型惑星も，どうにかしてそこにたどり着いたはずである。惑星散乱では，惑星が星に近づくことは頻々と起こる。これだけだと惑星はすぐ彗星のような軌道で星から遠ざかってしまうのだが，星のそばでは潮汐の力が働くので[1]，惑星は星のそばにとらえられ，ざくざくホットジュピターが生み出されるのだ[7]。

■ さかしまの惑星

太陽系の惑星は，どれも太陽の自転と同じ向きで公転している。それらしくいうと，これは惑星形成の過程で角運動量が保存するからである。これを逆走する惑星がいたらそれはへんである。しかし惑星散乱はもとの軌道にお構いなしに惑星をまき散らしてしまうので，惑星の軌道は星の赤道面からあっさり傾いてしまう。傾きすぎると裏返って軌道を逆走することになる[7]。

宇宙で惑星を探すときには，惑星が星の前を通過するときに，地球からみた星の明るさが暗くなることを利用できる。星の自転と関係し，同じ星でも地球から遠ざかる面から出る光と近づく面から出る光ではドップラー効果で振動数が異なってみえるので，惑星がどちらの面を隠すかによって星の自転に対する惑星の軌道の傾きを知ることができる。これを使ってよくよくみてみると，宇宙には逆走する惑星がそれなりにいる。

惑星散乱はほかにも，星の重力の束縛を離れてさまよう放浪惑星や双子の惑星[8] を生み出すことができる。惑星散乱を起源とするへんな惑星には，見つかっているものも見つかっていないものもあるが，だからこそ惑星散乱はたいへんおもしろい。

■ 太陽系はありふれているか

その答をわれわれは現在もっていない。系外惑星の研究者が喧々ごうごうの議論中である。要するに，惑星形成における「ひとひねり」がありふれているかどうかがポイントなのだが，そこがまだ判明していない。たとえば惑星散乱は惑星が比較的近い距離に生まれてしまった場合に起こりやすい。しかし，どうしたときに近い距離に惑星ができるのかはまだわからない。これがわかると，太陽系のような惑星系がふつうかどうか，その答の一端が明らかになるのだろう。惑星散乱以外でも，惑星形成過程ではさまざまなことが起こる。このため，巨大な地球型の惑星スーパーアースができてみたり，海王星に似た氷型惑星がずらりと並んでみたり，太陽系とは違った様相の惑星ができる。組成や温度が変な惑星や，サイズや構造が妙な惑星もある。それぞれに物語があり，それぞれに物理がある。どれほどのバラエティーがどんな頻度であるのか，それが自然科学としての興味である。

参考文献

1）F. Rasio and E. Ford: Science **274**, 954 (1996).
2）S. J. Weidenschilling and F. Marzari: Nature **384**, 619 (1996).
3）D. N. C. Lin and S. Ida: Astrophys. J. **477**, 781 (1997).
4）E. Ford *et al.*: Icarus **150**, 303 (2001).
5）F. Marzari and S. J. Weidenschilling: Icarus **156**, 570 (2002).
6）M. Mayor and D. Queloz: Nature **378**, 355 (1995).
7）M. Nagasawa *et al.*: Astrophys. J. **678**, 498 (2008).
8）H. Ochiai *et al.*: Astrophys. J. **790**, 92 (2014).

海底近くの新たな海洋循環像

勝又勝郎

■「深海レシピ」問題

赤道で温められ極で冷やされる海洋の大規模循環は「子午面循環」とよばれる。極で冷却された海水が密度を増して深海に沈み，それが赤道へ向かって流れつつ上層から温度が拡散してきて密度を減らし表層に向かう循環と説明される。ムンク（W. Munk）の1966年の論文「深海レシピ」[1)] 以来，海洋物理学者を悩ませてきた問題は「子午面循環する海水の量から見積もられる海洋の鉛直拡散係数に比べると，現場で観測した鉛直拡散係数が1桁小さい」という問題であった[*1]。この問題は南大洋[*2]の上を吹く強烈な西風の効果を考えるとつじつまが合いそうだ[3)]とわかってきて，実際それが全球規模で観測された鉛直混合とだいたい整合すると示されたのが2014年あたりであった[4)]。定性的なストーリーはできた。海洋大循環理論は定量化・精緻化の段階に入ったといえる。すると，従来あまり気にしてこなかった細部でいままでの仮定を否定する観測データが出てきて，海洋循環を定量的に理解するためのハードルがいくつかみえてきた，というのがここ1年（ないし数年）の海洋物理学の印象である。本稿では一例として海底直上の鉛直流の問題をとり上げる。

■海底近くの鉛直拡散

上述のとおり海水の鉛直混合拡散によって上層の熱は下層へ拡散する。海水の密度を決めるもう1つの重要な因子である塩分は，高塩分から低塩分に拡散する。究極的にはこれは分子拡散によってまかなわれるから，その拡散係数（熱フラックス割る温度勾配）は水の分子拡散係数である $10^{-7}\ m^2s^{-1}$ くらいとな

＊1　2019年は氏の没年となってしまった[2)]。享年101。
＊2　［編者注］南極大陸をとり囲む海洋。

りそうなものである。ところが海流は乱流であり乱流によるかき混ぜ効果（stirring）が効くので，海洋循環論が相手にする水平キロメートル鉛直メートルくらいのスケールでは熱や塩分はたんなる分子拡散よりずっと早く10^{-5} m^2s^{-1}程度で拡散する。

海洋の鉛直混合を決める鉛直拡散係数は重要な物理量だから，空間的にも時間的にも密な観測が必要となる。拡散のエネルギー源は風や潮汐（ちょうせき）で，これらが引き起こした海水の動きが波として伝わり，波と波あるいは波と海底地形，あるいは波と海流がさまざまな相互作用をしながら鉛直混合を引き起こす。微細構造計といって，ミリメートルくらいの大きさの海流の変化に反応する電気センサーを，ノイズを減らすためにひもをつけずに海洋中を自由落下させて観測するのが一番正確である。自由落下は時間がかかる（深さにもよるが1ステーションあたり数時間）。しかも海洋乱流の空間スケールは，風や潮汐の広がりである水平スケール1000 kmから重力の影響を受けずに海水が効率よく混合する小さな渦のスケールである数cmまで幅広いスケールにまたがることもあって観測は難しい。難しいといってもやればできるのだから，限られた資源のなかで少しずつ観測データが蓄積されてきた。

そのデータをみて，おや，と気づくのは海底に近いほど鉛直拡散係数が大きくなるということである。これは潮汐流や海流が海底地形に衝突して乱流混合が引き起こされるという力学機構を考えれば納得がいく。納得がいかないのは以下の点である。海底近くに仮想的に箱を考えてその海水収支を考える〈図1〉。海洋循環の数千年スケールの話がしたいから定常状態と仮定しよう。すると箱に入る海水と出る海水の質量は等しい。当然入る熱フラックスと出る熱フラックスも等しい。水平の動きを考えない鉛直1次元モデルとする。鉛直の熱フラックスは鉛直拡散係数に鉛直の温度勾配をかけたもので，地熱が強いごく一部の海域を除いて海は表面で温められているから熱フラックスは下向きである。鉛直拡散係数は海底に近いほうが強いのだから，大まかにいって下向きの熱のフラックスは箱の下面のほうが上面より大きい。すなわち下面から出る熱フラックスのほうが上面から入る熱フラックスより大きい。これで定常状態を保つには温かい水を足してやる必要があるから，平均的には暖かい上面から下向きの流れが存在するはずである。

前述のとおり冷たい海水は赤道に向かいながらじわじわと上層に向かってい

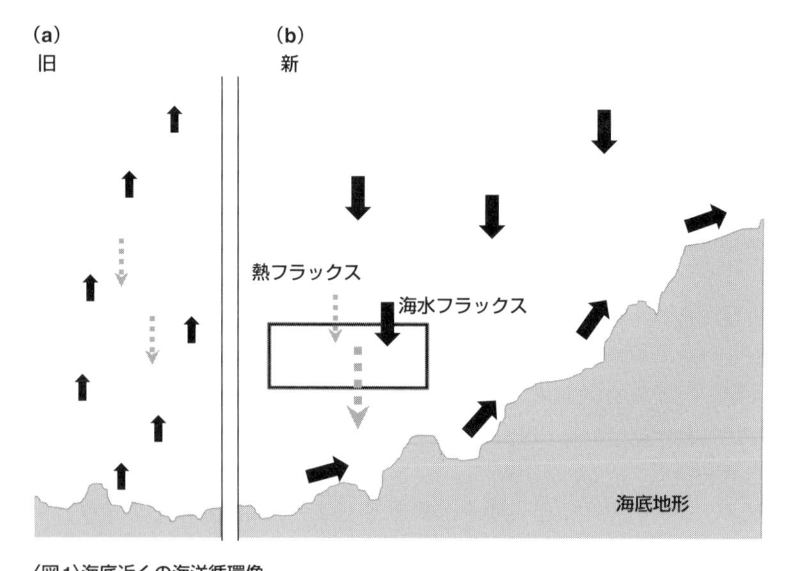

〈図1〉海底近くの海洋循環像
(a)従来仮定されていた循環像。(b)ここ数年で提唱された循環像。

くはずである。ところが海底近くの鉛直混合の観測結果からは下向きの流れがあるという。最近,豪州と米国のグループがこの問題に1つの解を示した[5)〜7)]。先の説明で「鉛直1次元モデル」とおいたのがじつは誤りで，海底に向かった下向きの流れは海底に沿って横向きに流れ，海山や海嶺といった地形に沿ったまま中層（深さ1000〜2000 m くらい）まで上層に向かうという解である〈図1b〉。ある一定の深さの断面で平均すると上向きの流れとなる。海底直上の流速の観測データは限られているので観測からこの流れを直接求めるのは困難であり，豪州・米国グループは数値シミュレーションを用いてこの流れを再現した[6)]。実際の下降流と海底近くの上昇流の密度差は微々たるもので，この発見によって海洋大循環のエネルギーなどの積分量はほとんど変更を受けない。データによる検証はしばらくかかりそうだと思っていたら，2019年7月にモントリオールで開催された国際海洋科学協会（ISPAO）総会で，この斜面上の上昇流と思われる流れを直接観測したという発表があって驚いた[8)]。

■新たな観測技術

いったい海洋は乱流であり幅広い時間・空間スケールに現象があふれているので，このような新発見は「何が観測できるか」という可能性，すなわち観測技術の革新と密接に関係している。今回の例でいえば，海底直上まで観測できる微細構造計がそれにあたる。ここ数年で著しい進歩をみせたのは生物・化学センサーと無人観測技術である。前者は自動海洋観測ロボット「アルゴフロート」に従来の温度・電気伝導度（塩分）に加えて溶存酸素・溶存窒素酸化物・酸性度（pH）・光合成色素量・浮遊物などのセンサーが搭載され，その校正技術が確立しつつあるという点である。太平洋，インド洋，大西洋の1000 m以深の海水が表層に現れて大気と接する深海への「窓」たる南大洋で，海洋中の炭素循環を明らかにしようとする米国のSOCCOM計画が200本のフロート投入をめざして稼働中である[9)]。後者は海洋中を泳ぐことができるグライダーや自動操縦船ウェーブグライダー，セールドローンなどが実用化されているという点である。無人観測は観測データ数を飛躍的に増加させることが期待されており，それにより大きめのスケール（時間では数年から数十年，空間では数百kmから海盆スケール）の現象の理解に新たな知見をもたらしてくれることであろう。とくに近年の温暖化の影響が現れつつあると考えられる氷の下の海洋観測は無人技術の最先端であり，各国がさまざまな種類の機器を開発・投入している。

参考文献

1）W. H. Munk: Deep-Sea Res. **13**, 707 (1966).
2）C. Wunsch: Nature **567**, 176 (2019).
3）D. Webb and N. Suginohara: Nature **409**, 37 (2001).
4）A. F. Waterhouse *et al.*: J. Phys. Oceanogr. **44**, 1854 (2014).
5）C. de Lavergne *et al.*: J. Phys. Oceanogr. **46**, 635 (2016).
6）R. Ferrari *et al.*: J. Phys. Oceanogr. **46**, 2239 (2016).
7）T. McDougall and F. Ferrari: J. Phys. Oceanogr. **47**, 261 (2017).
8）M. Visbeck *et al.*: IAPSO General Assembly, 11 July 2019, Montreal, Canada, IUGG19-3163 (2019).
9）https://soccom.princeton.edu

地震波より早く伝わる地震情報

綿田辰吾

■ 地震発生情報としての地震波と重力変化

地震が発生すると，震源での岩盤の破壊とともに弾性波が放出される。観測点には伝播速度の速いP波が最初に到着し，より大きなゆれをともなうS波がつぎに到着する。地震波の伝播速度は数km/sであり，有線の電気信号や電波の伝播速度（≈光速）に比べると桁違いに遅い。気象庁が2008年から発表を開始した緊急地震速報では，震源に近い観測点での地震波の検知に基づき，伝播速度差を利用して，被害を及ぼすような強いゆれ（S波）が到達する前に，強いゆれがあることを情報として知らせる。一方，震源から広がる弾性波は物質の密度変化をともない，微弱ながら瞬時に遠方まで重力場を乱す。この重力変化は地震波よりも早く伝わる究極の地震情報となり得る。

■ 地震により変形する地球の重力変動

地球規模で伝わる地震波を解析・シミュレートする手法として，地球全体を流体（海洋・外核）と固体（地殻・マントル・内核）からなる重力下の弾性体ととらえ，その重力弾性結合体の自由振動の重ね合わせで地震波を表現する手法が有効であり，ノーマルモード法として確立されている。ノーマルモード法では，地震波による変形のため密度変化した物質が時間空間変動する重力場を生じ，疎密変動する物質自身もそこから力を受けることが考慮されている。

重力場変動の地震波への影響は，長周期の振動で大きく，たとえば，観測されているもっとも長い周期の地球自由振動モード（${}_0S_2$）は固有周期が3233秒であり，ノーマルモード法による予測と観測の固有周期の誤差は0.1秒以内である[1)]。もし時間変動しない静的重力場中の運動は考慮するが重力場変動の影響を無視すればその固有周期は理論上４割ほど伸び，さらに重力がまったくない仮想的な弾性体地球ではもっと長くなる。一方，P波やS波のような実体波の周期帯（周期およそ30秒以下）では重力の影響はほとんどない。

ノーマルモード法がとり扱う支配方程式の１つである重力ポテンシャル空間変化と密度摂動を結びつけるポアソン方程式には時間項がない。これは地球内部の質量変動がその瞬間に，理論上宇宙全体に重力ポテンシャル変動を引き起こしていることを意味する（実際には光速で重力ポテンシャル変動は伝播する。地震波に比べて十分速いので伝播速度無限大の近似となっている）。2011年3月11日に発生したマグニチュード（M）9.0の東北地方太平洋沖地震（以下，東北沖地震）では，南北500 km東西200 kmのプレート境界の断層面に沿って約200秒間破壊が進展し，平均して10 m程度，もっとも大きいところでは50 m以上の断層すべりが生じたと推定されている[2)]。巨大地震（M>8）にともなう大規模地球変形が周囲の重力場に影響を及ぼすことは，地表重力測定[3)]や衛星重力観測[4)]から明らかとなっている。2011年東北沖地震前後に地表で最大100 nm/s^{2}程度の重力変化（地表重力加速度の約1億分の1）があった。

■ 地震波到着前の重力変化

では，地震発生直後から変動している重力ポテンシャル変化は，P波の到達前に計測できるのだろうか。P波のシミュレーションでは通常重力ポテンシャル変化を考慮しないことを考えると，P波直前の重力ポテンシャル変化はきわめて小さいことが予測される。P波は疎密運動をともなう弾性波であるが，S波は体積変動をともなわないため，重力場変動は引き起こさない。ハームズ（Harms）らの研究によると[5)]，均質一様弾性体中の1点で瞬時に発生した断層震源から広がる地震波がつくり出す密度変化によって，P波の外側では地震発生からの時間の2乗に比例する重力場がP波到達まで発生する。有限の破壊継続時間をもつ場合には，瞬時震源モデルの重力変動と震源時間関数を時間領域でたたみ込んだ重力場変動が観測される。

モンタニエ（Montagner）らは，そのような観点から，東北沖地震時に日本国内にあった超電導重力計のデータからのP波到達前の重力変動検出を試みた[6)]。長野県神岡にある超電導重力計[3)]は地震のみならず，地球潮汐（ちょうせき）や脈動とよばれる海洋波浪起源の地面振動を連続して記録している。その地面振動の背景信号に埋もれた重力変化を加速度変化として検知するため，モンタニエらは

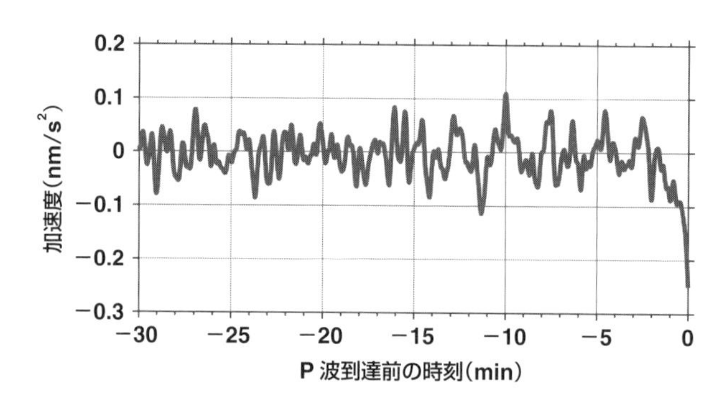

〈図1〉日本国内27観測点のP波到達直前の地震計加速度（上向き正）をP波到着時刻（＝0分）でそろえて平均したグラフ
P波到着直前3分間で加速度が減少している。27観測点の震源距離は505～1421 kmの範囲にあり平均距離は987 km。文献9, Fig. 7aを改変。

フィルターや移動平均操作で背景信号レベルを低減させた。そして，地震発生後P波到着までに背景信号レベルを超えてゆっくりと重力が1 nm/s^2減少していることを見いだし，背景信号レベルを超えるこのような現象の統計的有意性は99 %＝3σであると主張した。

バレー（Vallée）らは，P波直前の重力変動解析対象として，日本国内外で2011年東北沖地震の震源から3000 km以内に展開されている広帯域地震計の観測点のうち，計器特性と脈動と長周期背景地動帯域の信号をとり除いた鉛直成分加速度が，地震発生直前の30分間で±0.8 nm/s^2内に収まる，11の観測点を選んだ。そのうち9つの観測点で1 nm/s^2の桁でP波到達前に向けて系統的に重力値が減少していることを発見した[7)]。P波到達直前に重力加速度が減少する現象は，木村らにより，同様に脈動と長周期背景地動帯域の信号をとり除いた，日本国内の広帯域地震P波直前の加速度記録でも，平均0.25 nm/s^2の重力の減少として検出された[8)]〈図1〉。その信号の大きさは地面振動の背景信号レベルを超える7σの統計的有意性があった。

■ 重力計測による即時地震検出

変形する地球に固定された地震計・重力計などが計る加速度は，その場所の重力変化から変形の加速度を差し引いたものとなる。極端な例では自由落下する計測器は，その場所の重力を受けて加速度運動するため，出力する加速度はゼロとなる。地震波到達前の重力と加速度運動関係について，バレー[7]は興味深い報告をしている。無限均質一様弾性体中ではP波が到達するまでは，ある地点の重力と，重力弾性結合により生じたその点の加速度運動は完全に一致し，媒質に固定された計測器の出力はゼロとなる。地震計・重力計ではP波が到達後に初めて地震の発生が検知される。

実際の地球は地表があり，均質一様弾性体ではない。地震発生からP波の波面が地表に到達し十分広がるまでは重力はほぼ運動加速度と相殺されるものの，その後は重力と運動加速度は完全に一致はせず，P波直前に重力変化を検出することができる。

P波直前の重力勾配は，計測器の加速度運動により相殺されないため，重力勾配，または重力勾配を時間で2回積分した空間ひずみとして計測される。低周波数帯域（0.01～1 Hz）空間ひずみの検出に向けて，超伝導重力ひずみ計やねじれ振り子型空間ひずみ計，原子干渉重力ひずみ計などが開発されつつある。2011年東北沖地震では日本陸域で理論的に最大数$10^{-13}/s^2$の重力勾配が発生し[9]，現在開発中のねじれ振り子型空間ひずみ計の到達予想感度$10^{-15}/s^2$[10]があれば，十分観測可能とされる。

P波到達前の重力変動を利用した巨大地震早期検知では実用上の考慮すべき点がいくつかある。第1点は巨大地震の破壊継続時間完了まで，最終的な大きさ(M)が決まらないことである。津波波高予測はMの大きさに直接依存する。観測点にP波が到達すると，微弱な重力変動信号は，地動に起因する計測ノイズにより計測できなくなる。巨大地震のMを知るためには破壊完了時刻にまだP波の到達していない観測点（東北沖地震の場合では1500 km以遠）に設置する必要がある。破壊が終了する前にP波が到達する場合は，Mの下限を制約することになる。

第2点は重力場変動では，広がる地震疎密波の影響で，地震動とは異なり最大振幅の出現場所が震源から大きく離れることである。東北沖地震の場合は，P波直前の地表での重力減少のピークが日本海から東アジアにかけてあったとされる[7),8)]。重力ひずみの最大値振幅の分布は日本に近づくが，同じく震源から離れたところが最大となる[9]。巨大地震からの微弱な重力信号をとらえ，早期検知に利用するためには，適切な観測機器の配置を考える必要がある。

参考文献

1）A. M. Dziewonski and D. L. Anderson: Phys. Earth Planet. Inter. **25**, 297 (1981).
2）K. Satake *et al.*: Bull. Seismol. Soc. Am. **103**, 1473 (2013).
3）Y. Imanishi *et al.*: Science **306**, 476 (2004).
4）S.-C. Han *et al.*: Science **313**, 658 (2006).
5）J. Harms *et al.*: Geophys. J. Int. **201**, 1416(2015).
6）J.-P. Montagner *et al.*: Nat. Commun. **7**, 13349 (2016).
7）M. Vallée *et al.*: Science **358**, 1164 (2017).
8）M. Kimura *et al.*: Earth, Planets and Space **71**, 27 (2019).
9）K. Juhel *et al.*: J. Geophys. Res.: Solid Earth **123**, 10889 (2018).
10）T. Shimoda *et al.*: Phys. Rev. D **97**, 104003 (2018).

生物物理

●生きている系の統計力学

●アクティブマター生物学

●遺伝子スイッチのダイナミクス

生きている系の統計力学

岡田康志

みればわかるのか？

1959年の講演のなかでファインマン（Feynman）は「みることさえできれば，基礎的な生物学の諸問題はきわめて簡単に解決できる」と語った。しかし，たとえばマイクロプロセッサーを分解し，そのなかを子細に観察して，トランジスターの内部構造やそこで電子や空孔が動く様子をみるだけでは，マイクロプロセッサーの動作を理解することはできないだろう[1)]。生物を構成する分子機械であるタンパク質の原子構造やその動く様子を計測することができるようになった現在，これを「わかる」ための理論的な枠組みが求められている。

デーモンの統計力学

分子機械の動作を理解するためには，従来の熱力学・統計力学の枠組みでは不十分である。これを示す有名な例が，マクスウェルの悪魔（デーモン）とよばれる思考実験だろう。均一な温度の気体で満たされた容器を，小さな穴の空いた仕切りで2つの部分A，Bに分離する（このとき，温度は均一でも，各分子の運動速度はマクスウェル分布に従って分布し，遅い分子も速い分子も混ざっている）。そしてデーモンは，穴に近づく個々の分子をみて，Aから来た分子の速度が速ければAからBへ通過させ，遅ければ通過させずにAにもどす。逆に，Bから来た分子は，速度が遅ければBからAへ通過させ，速ければ通過させずにBにもどす。これをくり返すと，Aの温度が下がりBの温度が上がる。つまり，外部からの仕事なしに温度差がつくり出されることになり，熱力学の第2法則が破れてしまう〈図1〉。

これを単純化して，分子1個を閉じ込めた系にしたのがシラード（Szilard）のエンジンである。一定の温度 T の熱浴と接している容器のなかに分子が1個

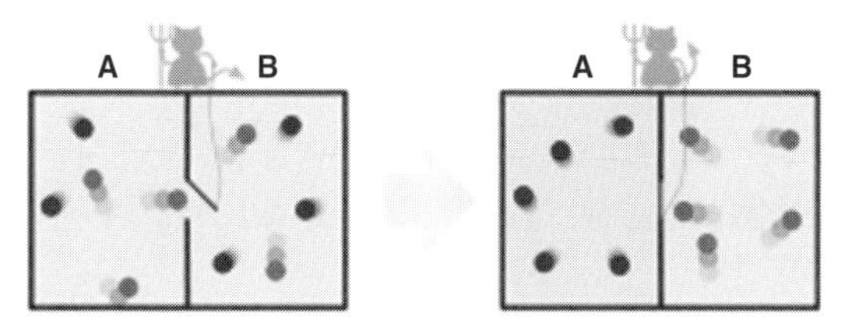

〈図1〉マクスウェルの悪魔（デーモン）
分子をみて仕分けることができるデーモンは，仕事をすることなしに温度差をつくり出すことができるか？

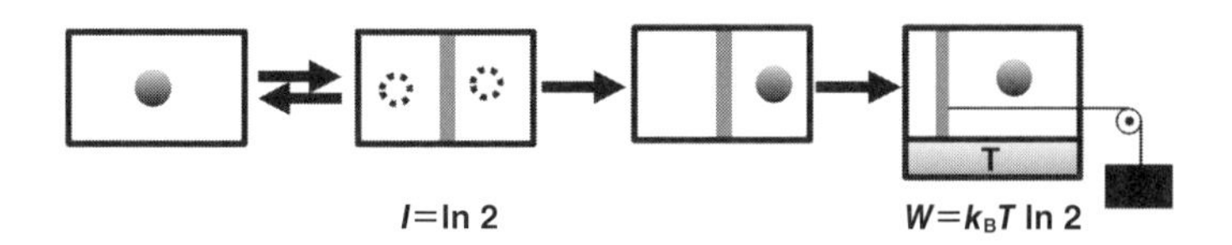

〈図2〉シラードのエンジン
分子が右にいるときにだけ仕切りを左に動かせば，熱浴から仕事をくみ出せるようにみえる。

入っている。容器の中央に仕切りを入れ，デーモンは分子が左右いずれにあるかを観測する。分子が左にあったときは，仕切りを抜いてもとにもどす。分子が右にあったときは，仕切りをゆっくりと左に動かす。このとき，準静的等温膨張なので，内部エネルギーは変化せず，体積が2倍になってもとにもどり，温度Tの熱浴から$k_B T \ln 2$の仕事をくみ出したことになり，熱力学の第2法則に反しているようにみえる〈図2〉。

■ 情報処理のコスト

このデーモンの問題は，シラード自身が情報処理に必要なコストを考えるというアイデアを提案し，その後，ベネット（Bennet），ランダウアー（Landauer）らの議論を経て，沙川-上田により一般的なかたちで解決を得た。まず，シラードのエンジンで考えよう。デーモンは，分子が仕切りの右側にいるか左側にいるかを計測して，その情報に基づいてつぎの動作を行い，初期状態にもどる。このとき，デーモンが得る情報量は，分子が右にいるか左にいるかの1ビットである。

この1ビットという情報量（シャノン情報量）は，ボルツマン定数を掛ければ統計力学のエントロピーと同一の式で定義される。したがって，もし情報と仕事が交換可能であるならば，1ビットの情報は$k_B T \ln 2$の仕事に相当すると考えられる。

実際，ベネット，ランダウアー，沙川-上田らの議論により，情報量Iを測定し消去するというサイクルには，$k_B TI$以上の仕事が必要であることが示された。すなわちデーモンの情報処理に必要な仕事を含めて系全体を議論すれば，

$$W_{\text{測定}} + W_{\text{消去}} \geqq k_B TI \geqq W_{\text{出力}}$$

となる。

■ミクロ系の統計力学との融合

分子1個をみるようなミクロな視点では，たとえば気体の圧力は，気体分子が壁に衝突して壁を押す力である。分子の個数が十分多いときは，単位時間あたりに壁に衝突する分子数は一定とみなすことができるが，分子1個のようなミクロな系では確率的に大きく変動する。このようにミクロ系では，熱力学量は大きく変動する（ゆらぐ）。このようなゆらぐ系の統計力学は1990年代から2000年代にかけて大きく発展した。その成果の1つがジャルジンスキー（Jarzynski）等式である。これは，熱力学の第2法則をミクロ系へ拡張したものに相当する。これに情報を含めて一般化したものが，沙川-上田による一般化ジャルジンスキー等式である。

■生体分子機械の情報統計力学

このような理論は，生体分子機械の理解に役立つのだろうか？　たとえば，細胞のなかで物質輸送を担うモーターの役割を果たすタンパク質分子（生体分子モーター）の1つであるキネシンは，2つの頭部を2本足のように交互に使うことで微小管というポリマーの上を1歩ずつ進むと考えられている。すなわち，一方の頭部Aが微小管に結合しているとき，他方の頭部BはAを支点としてブラウン運動する。BがAより後ろ側に結合しても放置して再びBが解離するに任せ，BがAより前側に結合するまで待つ。頭部BがAより前側に着地したら，今

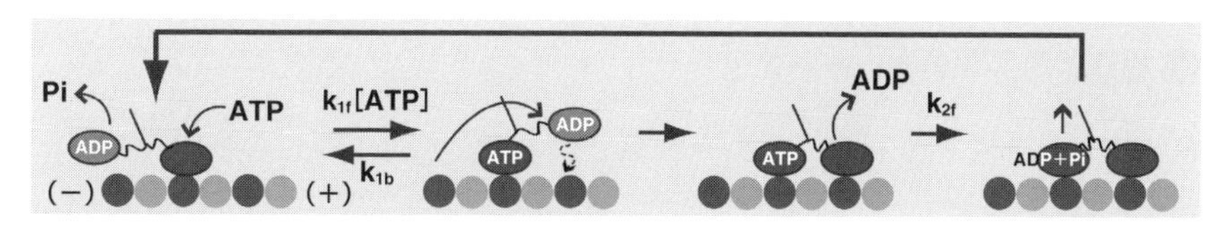

〈図3〉生体分子モーター（キネシン）の運動機構
一方の頭部を支点にして，もう1つの頭部がブラウン運動し，前方に結合したときだけ1歩前進する。シラードのエンジンに類似した運動機構である。

度は頭部Aが地面から離れてBを支点としたブラウン運動を始めることで，1歩前進することになる。シラードのエンジンと一見類似したメカニズムである〈図3〉。

有賀らは，光ピンセットを用いた巧みな実験とミクロ系の統計力学理論に基づく解析から，キネシンが運動により行う力学的仕事は，キネシンが消費するエネルギー（アデノシン三リン酸（adenosine triphosphate，ATP）の加水分解反応による自由エネルギー変化）の20%程度にすぎず，80%ものエネルギーがキネシン分子の内部に散逸しているという結果を報告している[2)]。

一方，回転する生体分子モーターとしてよく知られているF_1-ATPaseでは，内部散逸はほとんどなく，ATP加水分解のエネルギーの100%近くが仕事に変換されると報告されている[3)]。このような高効率を実現する機構も興味深いが，生物進化の産物である生体分子モーターが100%近い効率で動作するということ自体は，むしろ想像しやすい。エネルギーを80%も散逸させてしまい20%しか仕事をしないというのは，いかにも無駄遣いにみえる。

この問題はまだ解決されていない。たとえば，先ほどのシラードのエンジンとの類似性から考えると，キネシンの場合はシラードのエンジンとは違って，分子の状態を計測して反応を制御するデーモンが内在された系であり，エネルギーは仕事だけでなく情報処理にも消費されていると考えられる。ただし，単純に頭部が前か後ろかという1ビットの情報量であれば，$k_BT\ln 2 \approx 0.7k_BT$にすぎず，ATP加水分解による自由エネルギー変化 $20\,k_BT$と比べると桁違いに小さい。

■機能とコストのトレードオフ

F_1-ATPaseとキネシンには，大きな違いがある。F_1-ATPaseの細胞内での本来の機能は，モーターではなく発電機である。すなわち，外力で軸を回転させ，その仕事を用いてアデノシン二リン酸（adenosine diphosphate，ADP）をリン酸化してATPを合成する酵素である。ATPを分解して回転するのは，その逆反応である。ちょうど，直流直巻モーター（DCモーター）が，電池をつなぐと回転し，逆に軸を回すと発電するのと同じである。

一方，キネシンは事実上不可逆である。光ピンセットでキネシンを無理矢理後ろ向きに引っぱると，キネシンに後退運動をさせることができる（バックステップ）が，このときもATPの分解をともなう。

これはつまり，負荷がかかった状態でキネシンが運動するさいには，バックステップが起こるごとに無駄な散逸が発生するということである。問題は，なぜ，エネルギーを無駄遣いするような設計を，キネシンなど多くの生体分子機械が採用しているかである。

量子力学では，さまざまな物理量のあいだに，そのばらつきの積が一定値以下にはならないという不確定性原理が成立する。近年，これと同様に古典系でも，熱力学的な量のあいだにさまざまなトレードオフ関係式が成り立つことが，ミクロ系の統計力学・情報熱力学の理論の発展として注目されている。たとえば，分子モーターを抽象化したモデル系で，速度のゆらぎとエネルギー効率のあいだにトレードオフの関係があることが示されている[4)]。すなわち，速度の変動を抑えて一定速度で動かそうとするには，余分なエネルギーコストを要するということである。

同様の不確定性原理は，たとえば情報伝達の化学反応ネットワークにおいて，情報伝達速度と情報伝達の正確性，エネルギー効率のあいだでも成立する。このように，さまざまな系で，機能に相当する物理量とコストに相当する物理量のあいだにトレードオフ関係が成り立ち，これを見通しよく導く一般的な処方も示された[5)]。

では，実在するさまざまな生体分子機械は，どのような機能を最大化するために，どのようなコストを支払っているのだろうか。2010年代の統計力学・熱力学の理論的発展により，2020年代の生物物理学は，生体分子機械の設計原理を議論するための新しい道具を手に入れたのかもしれない。

参考文献

1) E. Jonas and K. P. Kording: PLOS Comput. Biol. **13**, e1005268 (2017).
2) T. Ariga, M. Tomishige and D. Mizuno: Phys. Rev. Lett. **121**, 218101 (2018).
3) S. Toyabe *et al.*: Proc. Natl. Acad. Sci. *USA* **108**, 17951 (2011).
4) A. C. Barato and U. Seifert: Phys. Rev. Lett. **114**, 158101 (2015).
5) S. Ito: Phys. Rev. Lett. **121**, 030605 (2018).

アクティブマター生物学

川口喬吾

分子集団から群れ運動まで，多数の要素が集まって起こる生命現象にはたくさんの例がある。これを抽象的にとらえ，自発運動する要素がどのようなマクロ現象を生むかを理解しようという切り口から研究を進めているのが，アクティブマターとよばれる物理の分野である。たとえば鳥や魚の群れのように，大集団スケールで個体の向きがそろっているような現象は，近距離にいる個体どうしが同じ方向を向きたがる強磁性的な相互作用に加え，個体が向いている方向に一定速度で運動し続けるという効果を入れた，ヴィチェック（Vicsek）モデルとよばれるものにより再現できる[1)]。

アクティブマターは比較的新しい分野ではあるものの，上述のヴィチェックらのシミュレーションによる長距離秩序の発見は1995年，細胞骨格と生体分子モーターを用いたパターン形成の研究[2)]も90年代からあり，すでに20年以上の歴史があるともいえる。人工自己駆動粒子を用いた実験なども物理側のアプローチとしては盛んに行われていた[3)]が，細胞骨格系分子などの生物試料を駆使するアクティブマターの実験系が2012年頃からとくに目立ち始め[4)]，分野横断的に興味を集めていった。そのなかで，アクティブな系におけるトポロジカル欠陥の運動や，細い管上で1方向の流れが自発的に生じる現象などが発見され，さらにそれらの実験に理論も触発されて発展してきている。

さて，本題のアクティブマター「生物学」であるが，昨今大きな話題をよんでいる「相分離生物学」に比べると，生命現象の理解に貢献しているといえる例がそれほど出てきていないのが実情である。相分離生物学[5)]では，細胞内で膜構造をもたない液滴が状況に応じて現れたり消えたりすることが見つかり，それがストレス応答からクロマチン動態までさまざまな現象で中心的役割を担っていることから，その物理化学的メカニズム解明や統一的理論構築が興味を集めている。一方のアクティブマター研究は，物理側のアイデアがやや先行し，それに当てはまる実際の生命現象が探し求められているような状況である。とはいえ，これまでよく知られていた生命現象をアクティブマターの観点から見直す研究や，既存の枠組みでは理解できない現象に初めて説明を与えるような研究も出てきており，今後の発展がおおいに期待される。

とりわけ組織ダイナミクスを細胞の集合体としてとらえる研究は近年盛んで，細胞の自発運動や力に起因してマクロレベルでどのような現象が生じ得るかが調べられ始めている。たとえば線維芽細胞は棒状のかたちをしており，ディッシュの上で高密度になるまで培養すると，ネマチック秩序とよばれる液晶と同じようなパターンを生じる〈図1a〉。この形成されたパターンのなかでも細胞は激しく動き回っているところが通常の液晶との大きな違いであり，こ

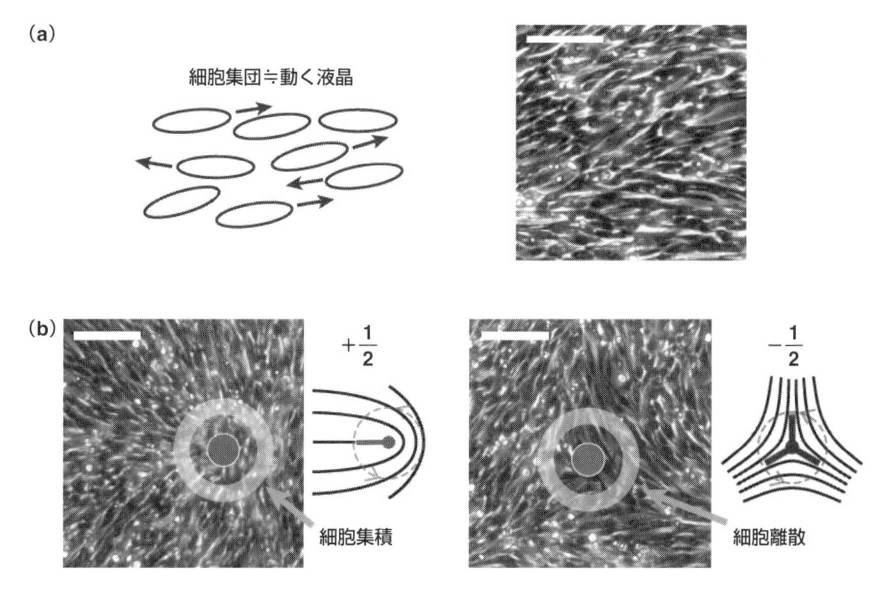

〈図1〉アクティブネマチックな細胞集団

(a)棒状のかたちをした細胞は高密度では液晶のように秩序をつくるが，個々の細胞は自発的に運動を続けている。このような系をアクティブネマチックとよぶ。神経幹細胞集団はアクティブネマチックの典型例である。(b)2次元ネマチック系の特徴である+1/2，−1/2 のトポロジカル欠陥が神経幹細胞集団のなかにも現れる。それぞれの欠陥が，細胞の集積(+1/2)や離散(−1/2)する点となっていることがライブイメージングからわかった[7)]。

のアクティブネマチックとよばれるクラス（直訳するなら「動く液晶」）には生物系に限らず実験例が多い[6)]。

生物実験でよく使われる培養細胞に限っても，アクティブネマチック系と報告された細胞種は線維芽細胞，筋芽細胞，網膜色素上皮細胞，神経幹細胞など多岐にわたり，まだまだ例はありそうである。とくに神経幹細胞では，ディッシュ上で細胞密度が高くなった後も細胞の運動がまったく減速しないという性質があり，アクティブネマチックの興味深い性質が顕著に現れる。たとえば，ネマチックな系においては+1/2と−1/2の巻き数をもつトポロジカル欠陥が生じるが〈図1b〉，神経幹細胞では−1/2の欠陥位置から細胞が逃げ出し，+1/2の位置には細胞が集積することがわかっており，細胞集団が自発的につくる形状パターンによりさらに細胞流も生まれ得るということが示唆されている[7)]。ほかにも，一見等方な要素が集まってできている単層上皮の細胞シートでもアクティブネマチックとみなすことの有用性が議論されたり[8)]，肝臓のような組織の構造にじつは3次元ネマチック秩序が潜んでいることが発見されたりするなど[9)]，まさに視点が変わって初めてみえてきた例が多く出てきているところである。

さらに視野を広げると，アクティブ系でいわゆるトポロジカル状態が現れるという理論的予言が出されたり[10)]，上皮シートの2次元モデルや発生期の体軸伸長において液固転移のようなダイナミクスが観察される[11), 12)]など，もはや多細胞生命現象の研究は物性物理の言葉で語れる時代に入った感がある。これからは，実際の生体組織で起こる現象の例でアクティブマターをはじめとする多体系物理の見方がどこまで有効か，また多体系物理の新たな理論的課題が生命現象からどのように立ち現れてくるのかが注目される。

参考文献

1）T. Vicsek *et al.*: Phys. Rev. Lett. **75**, 1226（1995）.
2）F. J. Nédélec *et al.*: Nature **389**, 305（1997）.
3）V. Narayan *et al.*: Science. **317**, 105（2007）.
4）T. Sanchez *et al.*: Nature **491**, 431（2012）.
5）白木賢太郎：『相分離生物学』（東京化学同人，2019）.
6）A. Doostmohammadi *et al.*: Nat. Commun. **9**, 3246（2018）.

7) K. Kawaguchi *et al.*: Nature **544**, 327 (2017).
8) T. B. Saw *et al.*: Nature **544**, 212 (2017).
9) H. Morales-Navarrete *et al.*: Elife **8**, e44860 (2019).
10) S. Shanker *et al.*: Phys. Rev. X **7**, 031039 (2017).
11) D. Bi *et al.*: Nat. Phys. **11**, 1074 (2015).
12) A. Mongera *et al.*: Nature **561**, 401 (2018).

遺伝子スイッチのダイナミクス

笹井理生

■遺伝子スイッチとネットワーク

遺伝子の読みとりはダイナミックに起こる。ヒトの細胞のほとんどは，それぞれ同じように2万個程度の遺伝子をもっているが，神経，筋肉，皮膚などさまざまな細胞があるのは，このうちどの遺伝子が読まれるかが細胞によって異なるからである。つまり，どの遺伝子の読みとりが促進されるか（オンになるか），抑制されるか（オフになるか）が細胞ごとに制御されている。遺伝子のオン・オフは，さまざまな制御分子のDNAやRNAへの結合によって決まるが，そうした制御分子のなかでも，転写因子とよばれるタンパク質やマイクロRNAとよばれるRNAが重要な役割を果たす。そして，転写因子やマイクロRNAの合成を行う遺伝子のオン・オフもまた，別の転写因子などで制御され得るため，こうした関係が組み合わされればネットワークができる。つまり，オン・オフの遺伝子スイッチはネットワークをつくって動的な情報処理を行うことができる。そうしたネットワークの例[1)]を〈図1〉に示そう。

■遺伝子スイッチのゆらぎ

細胞1個ずつの定量的な測定により，遺伝子スイッチは大きなゆらぎを示すことが明らかにされた。つまり，同じDNA配列をもつ複数の細胞が同じ環境にあっても，それぞれの細胞では異なるオン・オフ状態が確率的に実現し，各細胞に個性のばらつきが生じる。これは，DNAが1細胞に1個程度しかない分子であり大数の法則が当てはまらないことから，当然，予想される結果であった。そこで，このばらつきは統計物理学の対象として確率モデルにより盛んに研究され，確率モデルと実験の定量的な対比はバクテリアの遺伝子改変デザインに応用された。

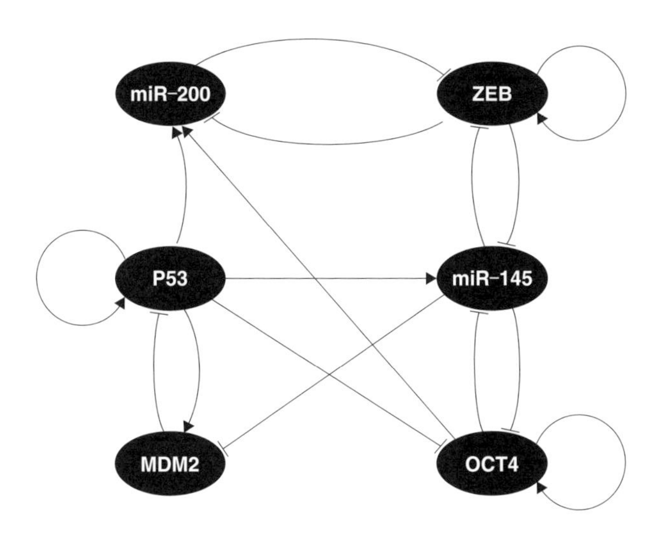

〈図1〉6つの遺伝子の相互作用を表す遺伝子ネットワークの例
終点が矢印の線は，始点の遺伝子が終点の遺伝子をオンにし，終点がT字の線は，始点の遺伝子が終点の遺伝子をオフにする働きをすることを表す。ZEBはEM遷移を促し，P53は細胞のがん化を抑制する。OCT4は幹細胞としての細胞増殖を促す。このネットワークは，EM遷移とがん幹細胞の発生を結びつける構造をもつ。

しかし，より複雑な多細胞生物の細胞における遺伝子スイッチについては，まだ理解は進んでいない。多細胞生物のDNAはバクテリアにはない特徴をもつ。DNAはヒストンとよばれるタンパク質複合体のまわりに巻きついてクロマチン線維を形成しており，ヒストンがメチル化やアセチル化などの化学修飾を受けると，クロマチン線維は凝縮して転写因子をはじめとしたさまざまな分子のDNAへの結合を阻害し，あるいは開いた構造をとって結合を容易にする。遺伝子スイッチをオフ（オン）にするタイプの転写因子がDNAに結合すると，その近くのヒストンはクロマチンの凝縮（展開）を促進する化学修飾を受ける傾向にある。つまり，転写因子の結合・解離とヒストン修飾にはフィードバック作用が働き得る。ただし，転写因子の結合・解離は秒程度，ヒストン修飾の変化は時間程度で生じるため，転写因子のみでオン・オフが決まるバクテリアのスイッチに比べ，多細胞生物の遺伝子スイッチは，長時間スケールのフィードバック機構を含むシステムである。

■遺伝子ネットワークのランドスケープ

このフィードバック機構が細胞の変化に際してどう働くのだろうか？　たとえば，未分化のES細胞（embryonic stem cells）から分化した細胞への変化[2]，分化した細胞から未分化のiPS細胞(induced pluripotent stem cells)への変化[3]，組織に固着して増殖する上皮細胞（epithelial cells）から遊離する間葉細胞(mesenchymal cells) へのEM遷移 (epithelial-to-mesenchymal transition)[1),4)]などを対象にして，上記のフィードバック効果が議論された。

このとき有効な理論的方法は，遺伝子ネットワークの状態をランドスケープで表す方法である。たとえば，転写因子などネットワークを制御するN種類の分子の細胞核内における個数をX_i(ただし，$i=1, \cdots, N$) と表し，個数がX_iとなる確率$P(X_1, \cdots, X_N)$ を計算できれば，$U(X_1, \cdots, X_N) = -\ln P(X_1, \cdots, X_N)$ は自由エネルギー面に似たN次元の曲面を表す。これを遺伝子ネットワークのランドスケープとよべば，ランドスケープの極小（盆地）が安定な細胞状態に対応している〈図2〉。ただし，遺伝子スイッチの動作は非平衡過程であるため，複数の盆地間の遷移は詳細つり合いを満たさない非対称なルートをとる。この非対称な確率の流れを計算し，ランドスケープと組み合わせることにより，細胞状態間の遷移過程を理解することができる[1)～3),5)]。

■がん細胞の状態遷移ダイナミクス

この1年で，がん細胞のEM遷移についての理解が大きく進展した[6)]。EM遷移はある組織で発生したがんが別組織へ転移（metastasis）する現象に関わると考えられており，がん治療にとって重要な問題である。そのEM遷移が上皮細胞から間葉細胞への2状態の遷移ではなく，そのあいだの多くの安定な中間状態を経て進む遷移であることが明らかになった。また，中間状態から，がん幹細胞（cancer stem sell）が発生することが明らかにされた。このしくみを理解するためには，中間状態の分布を表すランドスケープとそれにともなう確率流を，遺伝子ネットワークから正しく計算することが必要であるが，その試みは緒についたばかりである[1),4)]。多細胞生物に特徴的な，長時間スケールのフィードバック機構が中間状態の安定化に本質的であると予想されるものの，

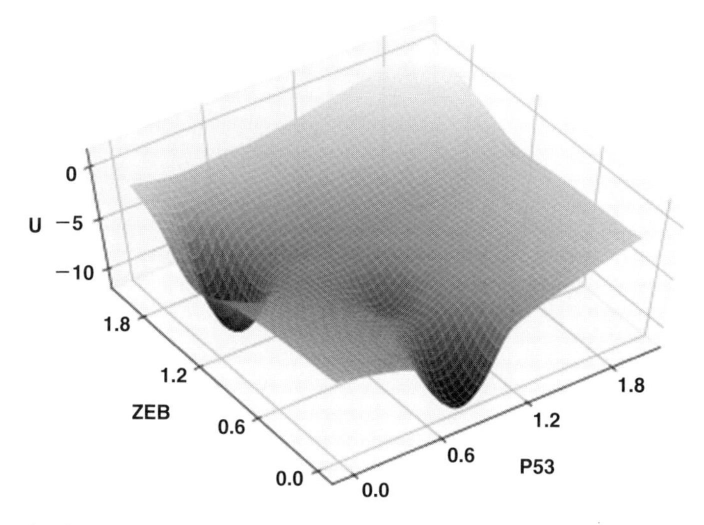

〈図2〉遺伝子ネットワークのランドスケープの計算例
〈図1〉のネットワークから計算される6次元ランドスケープ $U(X_1, \cdots, X_6)$ のうち，P53とZEBの量以外の4変数を積分して得られた2次元ランドスケープ$U(X_1, X_2)$を描画している。ただし，X_1は規格化されたP53の量，X_2は規格化されたZEBの量である。計算と描画は亀山裕太郎（名古屋大学工学研究科）による。

フィードバック機構を考慮したランドスケープ計算はいまだ試行的な段階であり，真相の解明にはさらに努力が必要である。がん細胞が多様な状態をとり得ることは治療の難しさの理由の1つでもあり重要な問題であり，今後，多細胞生物における遺伝子スイッチのしくみの解明と合わせて，細胞の状態間遷移の論理と動態が明らかにされていくと予想される。

参考文献

1）C. Yu *et al.*: Phys. Biol. **16**, 051003 (2019).
2）M. Sasai *et al.*: PLOS Computat. Biol. **9**, e1003380 (2013).
3）S. S. Ashwin and M. Sasai: Sci. Rep. **5**, 16746 (2015).
4）W. Jia *et al.*: Phys. Biol. **16**, 066004 (2019).
5）K. Zhang, M. Sasai and J. Wang: Proc. Natl. Acad. Sci. USA **110**, 14930 (2013).
6）I. Pastushenko *et al.*: Nature **556**, 463 (2018).

執筆者紹介

玉作賢治（たまさく・けんじ）
理化学研究所放射光科学研究センターXFEL研究開発部門理論支援チーム・チームリーダー。博士（工学）。1996年東京大学大学院工学系研究科物理工学専攻博士課程修了。同年理化学研究所研究員，2005年同専任研究員を経て，2014年より現職。この間，2009～2013年科学技術振興機構さきがけ研究者を兼任。アピールポイントは不撓不屈。おもな研究分野は，X線光学，X線非線形光学。著書に『X線の非線形光学―SPring-8とSACLAで拓く未踏領域―（基本法則から読み解く物理学最前線14）』(共立出版社)，『改訂版 放射光ビームライン光学技術入門～はじめて放射光を使う利用者のために～』(共著，日本放射光学会）がある。趣味は将棋，囲碁，オイルショック前のレコード収集。

松本伸之（まつもと・のぶゆき）
東北大学学際科学フロンティア研究所，同大学電気通信研究所助教。博士(理学)。2014年東京大学大学院理学系研究科物理学専攻博士課程修了。2014年日本学術振興会特別研究員（PD）を経て，2015年より現職。この間，2015年から科学技術振興機構さきがけ「光極限」領域研究員を併任。アピールポイントは古典的な極限技術を積み上げることで物理法則の検証を進めること。おもな研究分野は光計測による精密変位測定。著書に*Classical Pendulum Feels Quantum Back-Action*（Springer）がある。趣味は旅行，読書，運動。

道村唯太（みちむら・ゆうた）
東京大学大学院理学系研究科物理学専攻助教。博士（理学）。2015年東京大学大学院理学系研究科物理学専攻修士課程修了。2014年同大学博士課程中退を経て，同年より現職。2016年日本物理学会若手奨励賞，Springer Thesis Prize各賞を受賞。おもな研究分野は重力波望遠鏡の研究開発やそのレーザー干渉計技術を利用した新しい重力物理の探索。趣味は旅行，サンドイッチづくり。

倉本直樹（くらもと・なおき）
産業技術総合研究所工学計測標準研究部門質量標準研究グループ・研究グループ長。博士（理学）。1998年佐賀大学大学院工学系研究科エネルギー物質科学専攻博士後期課程修了。1995～1998年日本学術振興会特別研究員（DC1）を経て，2018年から現職。シリコン単結晶球体の直径を原子レベルの精度で測定するレーザー干渉計を開発。筆頭・責任著者として執筆した論文で報告したアボガドロ定数から導出したプランク定数は，新たなキログラムの定義の基準となるプランク定数の定義値の決定に採用され，130年ぶりとなる定義改定に決定的な役割を果たした。おもな研究分野は基礎物理定数測定，プランク定数を基準とする新たな質量測定技術の開発。

池田浩章（いけだ・ひろあき）
立命館大学理工学部教授。博士（理学）。1997年大阪大学大学院基礎工学研究科物性物理専攻博士後期課程修了。同年アト

ムテクノロジー研究体（JRCAT）研究員，1998年京都大学大学院理学研究科物理学第一教室助手，同教室助教を経て，2015年より現職。和歌山県出身。おもな研究分野は物性理論，第1原理計算。家族は妻と息子2人，娘1人。

野村肇宏（のむら・としひろ）

東京大学物性研究所助教。2016年東京大学大学院新領域創成科学研究科物質系専攻博士課程修了。2019年より現職。ミニマリストをめざしている。おもな研究分野は強磁場物性。趣味はマラソン，スキューバダイビング，献血。

宇田川将文（うだがわ・まさふみ）

学習院大学理学部物理学科准教授。博士（理学）。2006年東京大学大学院理学系研究科物理学専攻中退，同年同大学院物理工学専攻助手，2007年同大学論文博士を経て，2015年より現職。この間，2011年と2019年にマックスプランク複雑系物理学研究所客員研究員を併任。おもな研究分野はスピンアイス，量子スピン液体。趣味は料理，家族は妻と子供2人。

高安美佐子（たかやす・みさこ）

東京工業大学科学技術創成研究院ビッグデータ数理科学研究ユニット教授。博士（理学）。1993年神戸大学大学院自然科学研究科物質科学専攻博士課程修了。日本学術振興会特別研究員（東北大学大学院情報科学研究科），慶應義塾大学理工学部助手，公立はこだて未来大学システム情報科学部助教授，東京工業大学大学院総合理工学研究科准教授を経て，2017年より現職。日本学術会議連携会員，科学技術・学術審議会専門委員。おもな研究分野は統計物理学，経済物理学，ビッグデータサイエンス。著書に『金融市場―経済物理学の観点から（岩波講座 計算科学第6巻）』（共著，岩波書店），『ソーシャルメディアの経済物理学』（日本評論社），『学生・技術者のためのビッグデータ解析入門』（日本評論社）がある。

佐々木 豊（ささき・ゆたか）

京都大学大学院理学研究科物理学・宇宙物理学専攻教授。理学博士。1988年京都大学大学院理学研究科物理学第一専攻博士後期課程研究指導認定退学。同年京都大学理学部文部技官，1990年米国カリフォルニア大学バークレー校物理教室博士研究員，1992年イタリアConsorzio Criospazio Ricerche社研究員，1993年京都大学理学部物理学第一教室助手，2002年同大学低温物質科学研究センター助教授，2007年同大学同センター准教授，2012年教授を経て，2016年より現職。おもな研究分野は低温物理学，とりわけ超低温における量子液体固体の実験研究。趣味は飲み喰い道楽，野菜づくり。家族は妻と娘2人。

深見俊輔（ふかみ・しゅんすけ）

東北大学電気通信研究所准教授，同大学先端スピントロニクス研究開発センター（CSIS）准教授，同大学国際集積エレクトロニクス研究開発センター（CIES）准教授，同大学スピントロニクス学術連携研究教育センター准教授，同大学材料科学高等研究所ジュニア主任研究者。博士（工学）。2005年名古屋大学大学院工学研究科結晶材料工学専攻博士前期課程修了。同年日本電気株式会社入社，2011年CSIS

助教，2014年CIES助教，2015年CSIS准教授を経て，2016年より現職。AUMS Young Researcher Awardなど受賞多数。おもな研究分野はスピントロニクス。家族は妻と息子2人と娘1人。趣味はサッカー，スキー，読書（とくに歴史小説）。

大野英男（おおの・ひでお）

東北大学総長。工学博士。1982年東京大学大学院工学系研究科電子工学専攻博士課程修了。同年北海道大学工学部講師，1983年同大学工学部助教授，1994年東北大学工学部教授，1995年同大学電気通信研究所教授，2010年同大学省エネルギー・スピントロニクス集積化システムセンター・センター長，同年同大学原子分子材料科学高等研究機構主任研究者，2012年同大学国際集積エレクトロニクス研究開発センター教授，2013年同大学電気通信研究所所長，2016年同大学スピントロニクス学術連携研究教育センター・センター長を経て，2018年より現職。この間，1988〜1990年米国IBM T. J.ワトソン研究所客員研究員。日本学士院賞，江崎玲於奈賞など受賞多数。おもな研究分野は半導体物理・半導体工学，スピントロニクス。趣味は読書とサッカー観戦。

山田琢磨（やまだ・たくま）

九州大学基幹教育院准教授。博士(理学)。2006年東京大学大学院理学系研究科物理学専攻博士課程修了。同年九州大学応用力学研究所研究員，2008年東京大学大学院新領域創成科学研究科助教を経て，2013年より現職。2016年科学技術分野の文部科学大臣表彰若手科学者賞を受賞。おもな研究分野はプラズマ物理学。趣味はマラソンと園芸。家族は妻と娘2人。

小林達哉（こばやし・たつや）

自然科学研究機構核融合化学研究所助教，総合研究大学院大学物理科学研究科核融合科学専攻助教。博士（理学）。2014年九州大学大学院総合理工学府先端エネルギー理工学専攻博士課程修了。同年より現職。2019年より米国ゼネラルアトミックス社客員研究員。プラズマ実験で得られた乱流データを解析し，その傾向から背景物理の基礎法則を導き出すことを得意としている。2014年に現職となってからは，大型ヘリカル装置での実験がおもな研究の場となっている。プラズマの可視発光を分光し，内部の密度ゆらぎを精密に計測する「ビーム放射分光計測」の立ち上げを行い，最近やっとデータが得られるようになってきた。これまで国内外さまざまな実験装置での実験・データ解析に携わり，最近ではプラズマ核融合装置での実験にとどまらず，太陽表面乱流やプロセスプラズマにおける乱流などの非線形過程に着目した研究にも従事している。おもな研究分野は，プラズマ乱流物理，プラズマ可視分光計測。硬式テニスを本格的に始めてそろそろ2年になる。なかなか上達しないが，職場の仲間や友人に暖かく見守られながら楽しんでいる。家族は妻，子2人。

磯辺篤彦（いそべ・あつひこ）

九州大学応用力学研究所教授。理学博士。1988年愛媛大学大学院工学研究科海洋工学専攻修士課程修了。1994年九州大学大学院助教授，2008年愛媛大学沿岸環境科学研究センター教授を経て，2014年より

現職。2018年環境保全功労者表彰環境大臣賞，2019年海洋立国推進功労者表彰内閣総理大臣賞を受賞。おもな研究分野は海洋物理学。趣味は読書。

花垣和則（はながき・かずのり）

高エネルギー加速器研究機構素粒子原子核研究所教授。博士（理学）。1998年大阪大学大学院理学研究科博士課程修了。同年プリンストン大学ポスドク，2001年フェルミ国立加速器研究所 Wilson Fellow，2005年同研究所Scientist I，2006年大阪大学大学院理学研究科准教授を経て，2015年より現職。日米欧での実験を主導してきて，幅広い視野があると思っている。おもな研究分野は素粒子物理学実験。現在はエネルギーフロンティア。著書に『ヒッグス粒子の見つけ方～質量の起源を追う～』(共著，丸善出版)がある。趣味は，将棋観戦とスキー。家族は，妻と子供2人。

山﨑雅人（やまざき・まさひと）

東京大学カブリ数物連携宇宙研究機構准教授。博士（理学）。1996年中学校の図書室で『パリティ』を初めて手にとる。2010年東京大学大学院理学系研究科物理学専攻博士課程修了。同年プリンストン大学理論科学センター博士研究員，2013年プリンストン高等研究所博士研究員，同年東京大学カブリ数物連携宇宙研究機構特任助教を経て，2018年より現職。自分の好奇心の赴くまま，型にはまらない研究をめざしている。おもな研究分野は素粒子理論，超弦理論，数理物理。著書に『場の理論の構造と幾何（別冊数理科学）』(サイエンス社）がある。趣味は数学，読書。筆者と一緒に研究してくれる元気な大学院生を募集中。

野海俊文（のうみ・としふみ）

神戸大学大学院理学研究科助教。博士（学術）。2013年東京大学大学院総合文化研究科広域科学専攻博士課程修了。同年理化学研究所仁科センター基礎科学特別研究員，2015年香港科技大学高等研究院博士研究員，2016年神戸大学大学院理学研究科特命助教を経て，2019年より現職。おもな研究分野は素粒子論，弦理論，宇宙論。趣味は食べること，バリトンサックスの演奏，旅行の計画。

石原安野（いしはら・あや）

千葉大学グローバルプロミネント研究基幹教授。Ph.D.。2004年テキサス大学オースティン校博士研究員，2005年ウィスコンシン大学マディソン校博士研究員，2006年千葉大学大学院理学研究科特任研究員，2010年日本学術振興会特別研究員（RPD），2013年千葉大学大学院理学研究科特任研究員，同年同大学大学院特任助教，2014年同大学大学院特任准教授，2016年同大学グローバルプロミネント研究基幹准教授を経て，2019年より現職。この間，2016年同大学大学院融合理工学府准教授，2019年同教授を併任。おもな研究分野は，ニュートリノ天文学。

大木　洋（おおき・ひろし）

奈良女子大学理学部助教。博士（理学）。2010年京都大学大学院理学研究科物理学宇宙物理学専攻博士課程修了。同年大阪大学大学院理学研究科日本学術振興会特別研究員，同年名古屋大学素粒子宇宙起源研究機構特任助教，2015年理化学研究

所基礎科学特別研究員を経て，2017年より現職。おもな研究分野は素粒子論，格子ゲージ理論。著書に*An Introduction to Non-Abelian Discrete Symmetries for Particle Physicists*（共著，Springer）がある。趣味は映画鑑賞。家族は妻と息子。

谷内　稜（たにうち・りょう）
ヨーク大学博士研究員。博士（理学）。2019年東京大学大学院理学系研究科物理学専攻博士課程修了。2014年日本学術振興会特別研究員（DC1），2018年理化学研究所仁科加速器科学研究センターリサーチアソシエイトを経て，2019年より現職。加速器を用いた研究を行っている。共同研究者は数十名から100名近くになるが，国籍や年齢などに関係なくフラットな人間関係のなかで，それぞれの研究者の強みを出し合って1つの目標に向かって実験を行っていく研究スタイル。ときどき世界中の加速器に出向いて実験を行い，ふだんはとれたデータを解析すべく研究を行っている。おもな研究分野は，不安定な原子核に固有に現れる稀有（けう）な現象を加速器を用いた実験的な検証。高校時代に物理チャレンジ2006，2007へ参加し，物理学の道を志す。さらに学生スタッフとして複数回参加。

櫻井博儀（さくらい・ひろよし）
東京大学大学院理学系研究科教授。博士（理学）。1993年東京大学大学院理学系研究科物理学専攻博士課程修了。同年同大学院助手，1995年理化学研究所研究員，2005年東京大学大学院理学系研究科助教授，理化学研究所主任研究員を経て，2011年より現職。この間，2013年から理化学研究所仁科加速器科学研究センター・副センター長を兼任。2015年仁科記念賞，2018年21世紀発明賞を受賞。おもな研究分野は原子核物理学（実験）。著書に『元素はどうしてできたのか　誕生・合成から「魔法数」まで（PHPサイエンス・ワールド新書）』（PHP研究所）がある。趣味はジャンルを問わない音楽鑑賞。家族は妻，2男と2犬（♂＋♀）。

中村　哲（なかむら・さとし）
東北大学大学院理学研究科物理学専攻教授。博士（理学）。1995年東京大学大学院理学系研究科物理学専攻博士課程修了。同年，理化学研究所ミュオン科学研究室研究員，2000年東北大学大学院理学研究科物理学専攻助教授，同准教授を経て，2014年より現職。この間，1996～1998年英国ラザフォード研究所勤務。原子核物理，ミュオン科学，原子・分子物理，素粒子物理に関係する実験全般に興味がある。現在のおもな研究分野は，電子線を用いたストレンジネス核物理実験。著書に『MSX-DOS入門―ディスク活用の手引き（アスキーブックス）』（アスキー），『電磁気学（現代物理学基礎シリーズ）』（共著，朝倉出版），『微積分で理解する力学と振動・波動』（共著，培風館）がある。趣味は，読書，音楽・ミュージカル・映画鑑賞，温泉巡り，ドライブ，洗車，おいしいものを食べること（とくに肉）。家族は，妻，息子，娘が1人ずつ。

中村隆司（なかむら・たかし）
東京工業大学理学院物理学系教授。博士（理学）。1993年東京大学大学院理学系研究科物理学専攻博士課程単位取得退学。

1996年東京大学にて学位取得。1993年理化学研究所基礎科学特別研究員，1995年東京大学大学院理学系研究科物理学専攻助手，2000年東京工業大学大学院理工学研究科基礎物理学専攻助教授，2007年同准教授，2008年同教授を経て，2016年より現職。この間，1998年ミシガン州立大学超伝導サイクロトロン研究所客員研究員を兼任。おもな研究分野は，原子核物理学（実験）。著書に『不安定核の物理：中性子ハロー・魔法数異常から中性子星まで（基本法則から読み解く物理学最前線8)』(共立出版）がある。趣味は旅行，地図を眺めること，英語以外の外国語をかじること。

百瀬宗武（ももせ・むねたけ）

茨城大学大学院理工学研究科（理学野）教授。博士（理学）。1998年総合研究大学院大学数物科学研究科天文科学専攻博士後期課程修了。1998年日本学術振興会特別研究員（PD），2000年茨城大学理学部助手などを経て，2010年より現職。最近，バラの栽培を始めた。おもな研究分野は電波天文学，星・惑星系形成過程の研究。著書に『星間物質と星形成（シリーズ現代の天文学6)』『宇宙の観測Ⅱ電波天文学（シリーズ現代の天文学16)』(いずれも共著，日本評論社),『系外惑星の事典』(共著，朝倉書店)がある。趣味は音楽鑑賞，水泳，公園巡り。家族は妻。

服部公平（はっとり・こうへい）

カーネギーメロン大学博士研究員。博士（理学）。2014年東京大学大学院理学系研究科天文学専攻博士課程修了。同年日本学術振興会海外特別研究員（ケンブリッジ大学），2016年国立天文台客員研究員，同年ミシガン大学博士研究員を経て，2019年より現職。積分が得意。おもな研究分野は銀河考古学，銀河力学，データサイエンス。趣味は恐竜。天文学を禁止する法律ができたら，恐竜を研究する。高度な天文学を発展させていたシュメール人の遺跡にいつか行ってみたい。2019年に人生初のスマートフォンを購入。

本間希樹（ほんま・まれき）

国立天文台水沢VLBI観測所所長，教授。博士（理学）。1999年東京大学大学院理学系研究科天文学専攻博士課程修了。同年国立天文台COE研究員，その後同助教，同准教授を経て，2015年より現職。おもな研究分野は専門は電波天文学で，超長基線電波干渉計（VLBI）を用いた銀河系構造やブラックホールの研究。著書は,『巨大ブラックホールの謎（ブルーバックス)』(講談社)，『国立天文台教授が教える―ブラックホールってすごいやつ』(扶桑社）がある。趣味は音楽鑑賞。家族は妻と，子供3人。

松岡良樹（まつおか・よしき）

愛媛大学宇宙進化研究センター准教授。博士（理学）。2009年東京大学大学院理学系研究科博士課程修了。同年名古屋大学大学院理学研究科特任助教，2013年国立天文台にて日本学術振興会特別研究員SPD，同年国立天文台光赤外研究部特任助教を経て，2017年より現職。この間，2013～2014年までプリンストン大学客員研究員。2014年より，すばる望遠鏡の最新鋭カメラを用いて宇宙最遠のクエーサーを探索する国際共同プロジェクトを率いている。2017年度に日本天文学会研究奨励賞，2019年度に科学技術分野の文部科学大臣表彰若手科学者賞を受賞。おもな研究分野は光赤外線天文学（銀河と巨大ブラックホールの進化）。2歳と0歳の子供がおり，仕事以外の時間は子育てに邁進中。

長澤真樹子（ながさわ・まきこ）

久留米大学医学部教授。博士（理学）。2001年東京工業大学大学院理工学研究科地球惑星科学専攻博士後期課程修了。同年米国カリフォルニア大学Lick天文台，NASA Ames研究所研究員，2005年自然科学研究機構国立天文台研究員，2006年東京工業大学グローバルエッジ研究院特任助教，2010年同大学大学院理工学研究科准教授，2015年久留米大学医学部准教授を経て，2019年より現職。日本惑星科学会2007年度最優秀研究者賞，平成22年度科学技術分野の文部科学大臣表彰若手科学者賞，2017年地球惑星科学振興西田賞を受賞。コンピューターシミュレーションと天体力学の摂動展開を用いた軌道計算が得意。おもな研究分野は惑星形成論，天体力学。趣味は読書，スキー，木版画。イタリアンが好き。

勝又勝郎（かつまた・かつろう）

海洋研究開発機構海洋観測研究センター主任研究員。博士（理学）。2001年東京大学大学院理学系研究科地球惑星物理学専攻博士課程修了。同年北海道大学低温科学研究所ポスドク研究員，2002年ニューサウスウェールズ大学キャンベラ校ポスドク研究員，2005年豪州連邦科学工業研究機構（CSIRO）ポスドクフェローを経て，2006年より現職。昔は船に乗っても酔わなかったが最近めっきり駄目。おもな研究分野はデータを用いた海洋大循環論。趣味は2段だけ変速ギアをつけた自転車で山を登ること。

綿田辰吾（わただ・しんご）

東京大学地震研究所准教授。Ph. D. 1995年カリフォルニア工科大学大学院地球惑星科学研究科博士課程修了。防災科学技術研究所研究員，東京大学地震研究所助手，同助教を経て，2018年より現職。観測された不思議な未解明現象を素材に，理論的・観測的・解析的研究から，原点に立ち返りその現象の本質を見抜き，地球科学上の新たな包括的知見の獲得をめざす。おもな研究分野は固体地球と流体圏（大気・海洋など）をまたいだ，地球規模の現象の解明。これまでに，たとえば1991年ピナツボ火山巨大噴火による大気と固体地球の共鳴現象や2011年東北沖巨大地震で発生した遠地津波の伝播遅延現象の発生機構を解明。著書に*Acoustic-Grvity Waves from Earthquake Sources*（共著，Springer）がある。家族構成は妻とオス猫。

岡田康志（おかだ・やすし）

理化学研究所生命機能科学研究センターチームリーダー。博士（医学）。1993年東京大学医学部医学科卒業。同大学大学院医学系研究科廣川研究室で大学院生，助教，2011年理化学研究所生命システム研究センターチームリーダーを経て，2018年より現職。また，2016年より東京大学大学院理学系研究科物理学専攻教授，2017年同大学国際高等研究所ニューロインテリジェンス国際研究機構主任研究者（教授）を併任。モーター分子の分子細胞生物物理学的研究から発展して，1分子イメージング・超解像ライブセルイメージングの技術開発と細胞内での1分子レベルの生物物理学実験を行っている。2019年度より，新学術領域研究「情報物理学でひもとく生命の秩序と設計原理」の領域代表。おもな研究分野は，細胞生物学，生物物理学，ライブセルイメージング。著書に『〈1分子〉生物学―生命システムの新しい理解』（共編著，岩波書店）がある。

川口喬吾（かわぐち・きょうご）
理化学研究所開拓研究本部理研白眉研究チーム・チームリーダー，理化学研究所生命機能科学研究センター（兼任）。博士（理学）。2015年東京大学大学院理学系研究科物理学専攻博士課程修了。同年ハーバード大学医学部ポスドクフェロー，2017年東京大学生物普遍性研究機構客員共同研究員を経て，2018年より現職。おもな研究分野は生物物理，非平衡物理。

笹井理生（ささい・まさき）
名古屋大学大学院工学研究科教授。理学博士。1985年京都大学大学院理学研究科博士後期課程物理学第一専攻単位取得満期退学。同年分子科学研究所理論研究系助手，1991年名古屋大学教養部化学教室助教授，1998年同大学大学院人間情報学研究科教授を経て，2006年より現職。おもな研究分野は理論生物物理学。著訳書に『蛋白質の柔らかなダイナミクス』（培風館），『細胞の物理生物学』（共訳，共立出版）がある。趣味は山歩き。

（掲載順）

物理科学，この1年　2020

令和2年1月30日　発　行

編　者　パリティ編集委員会

発行者　池　田　和　博

発行所　丸善出版株式会社
〒101-0051 東京都千代田区神田神保町二丁目17番
編集：電話(03)3512-3267／FAX(03)3512-3272
営業：電話(03)3512-3256／FAX(03)3512-3270
https://www.maruzen-publishing.co.jp

組版印刷／製本・三美印刷株式会社

ISBN 978-4-621-30486-0 C 0042　Printed in Japan